新なぜなぜおもしろ読本

大野春雄／編著
姫野賢治・西澤辰男・竹内　康／著

●●●● まえがき ●●●

　土は、私たちの生活に非常に身近な存在です。そして、あまりの身近さゆえに、普段、土そのものを意識することはないかもしれません。しかし、農作物を栽培し、草木を生育するために土は欠かせないものです。また、生活のために必要な社会基盤となる施設の土台となっているのも土です。

　こうした身近である土を対象とする学問には、アプローチの違いにより、土壌学、地質学、土質工学などがあります。土壌学は、作物を育てるための土を知る学問であり、地質学は、地球を形づくる地殻全体としての土を知る学問です。そして、土質工学は、構造物を支える基礎としての土の力学的性質の理解を主とする、土木工学の中の専門領域の学問です。

　土木工学の側面から土を見ると基礎地盤としての役割が中心となります。つまり、橋、トンネル、空港、道路、鉄道、地下鉄、港湾、ライフラインなどのインフラストラクチャーは、どれも土を基礎地盤としており、その意味では、土質工学は生活基盤を与えてくれる土をとらえる大切な学問といえます。

　また、集中豪雨や台風による土石流やがけ崩れなどの土砂災害、地震による地盤の液状化や道路盛土の崩壊などの地盤災害は、すべて土に対する力と変形の関係の問題であり、土によって起こる災害であるといえます。このような災害を防いだり、予測するには、土の性質を十分理解することが大切なことなのです。

　土を材料とした構造物には、埋立て地、人工島、アースダムなどがあります。関西国際空港は、海に大量の土砂を投入して埋立ててつくった人工島上の空港です。短期間に埋立て地盤をつくることにより、その後に不規則な地盤沈下が起こるということは研究データで事前にわかっていました。そこで、対策として、予測された将来の地盤の沈下に対応して下がった空港ターミナルビルをジャッキで上げるというシステムを採用しています。

このような土に関する技術の成果は、研究者や技術者による数々の調査、実験のくり返しを経たデータの蓄積によるものです。こうした成果を基に、土の不均一さや地盤の複雑な性質を単純化し、モデル化して解決しようとしていますが、まだまだわからないところの多い分野であるともいえます。

　本書では、土に対する素朴な疑問から技術的な問題まで、土についての総合的な理解を深めてもらうために、解説は平易に、式は最小限に抑えて、質問1題について見開きのQ＆A形式でまとめています。内容的には、土はどのようにしてできたかという素朴な疑問から地質にまつわる問題をはじめとして、土の調査や土圧の問題などの土質工学の側面、さらに地盤の改良、土工事、災害や環境に関わる問題までを含めて構成しています。

　本書は、土木工学の概論書である「土木工学なぜなぜおもしろ読本」（編著：大野春雄）を柱とする各論シリーズのひとつであり、読者対象に土木建設系の大学・短大・高専・専門学校の学生を想定しています。土質・地質系科目の教科書の副読本としても最適ではないかと思います。また、土に興味のある建設系の技術者の清涼本として、電車の中や仕事の合間でも気楽に読んでいただければ幸いです。なお、本書は1998年山海堂より発刊されたものですが、今回、新たに内容を大幅に書き直し、最新データの情報を盛り込んで、加筆・訂正を行い出版するものです。

2010年3月

監　修　大　野　春　雄

目　次

1
土の生い立ち

- 土はどのようにつくられてきたのですか？ ……………………2
- 土は何でできているのですか？ ……………………………………4
- 土にはどのような種類がありますか？ ……………………………6
- 古生代、中生代、新生代などの地質年代はどうやって決めるのですか？ ………………………………………………………………8
- プレートテクトニクスとはどんな理論ですか？ ………………10
- 月には土がないと聞きましたが、本当ですか？ ………………12
- 地盤工学、地形学、地質学、土壌学など似たような分野がありますが、違いは何ですか？ ………………………………………14

2
いろいろな土

- よい土とはどんな土ですか？ ……………………………………18
- 関東平野を広く覆う関東ローム層の起源とその特徴を教えてください。 …………………………………………………………………20
- 九州南部のシラス台地のシラスとは何ですか？ ………………22

- 一般的な土と異なる高有機質土ってどんな土ですか？ ………24
- 日本海沿岸の鳥取砂丘はどのような過程でできたのですか？ 26

3
暮らしと土の横顔

- 土は生活にどの程度利用されているのですか？ ……………30
- 汚れた水を砂に通すと、浄化されきれいになるのはどうしてですか？ ………………………………………………32
- 歩くとキュッと鳴る砂浜がありますが、どうして音がするのですか？ ………………………………………………34
- 冬の寒い朝でも、日により場所により、霜柱ができたりできなかったりするのはどうしてですか？ …………………36
- 見た目では同じように見える陶器と磁器にははっきりした違いがあるのですか？ ………………………………38
- やわらかそうな海岸の砂のうえを車が通れるのはなぜですか？ ………………………………………………40

4
土の調査

- 土質調査とはどのようなことをするのですか？ ……………44

- 地盤のボーリング調査から何がわかるのですか？ ……………46
- 土質柱状図からどのようなことがわかるのですか？ …………48
- 室内で試験する土質試験にはどんな種類がありますか？ ……50
- 土の強さはどうやって測るのですか？ …………………………52
- 土の透水係数の測定はどのように行われるのですか？ ………54
- 地下水は土の中をどのように流れているのですか？ …………56
- 圧密沈下量はどのように予測するのですか？ …………………58
- 地盤の状況を調べるサウンディングとはどんな方法で行うのですか？ ……………………………………………………………60
- 岩の硬さどうやって測るのですか？ ……………………………62
- 粘土の粒径はどうやって測るのですか？ ………………………64

5
土の工学

- 土の強さを示す、せん断強さについて教えてください。………68
- 土のコンシステンシーとは何のことですか？ …………………70
- 土の密度と水分はどういう関係にありますか？ ………………72
- 土の締固めといいますが、土を締め固めると本当に強くなるのですか？ ……………………………………………………………74
- 土の締め固め特性と水分はどのような関係があるのですか？ …76
- 粘土や砂を分類するにはどんな方法がありますか？ …………78
- 空隙と間隙はどう違うのですか？ ………………………………80
- 土の圧縮と圧密とはどう違うのですか？ ………………………82

- ランキン、クーロンの土圧論の違いを簡単に説明してください。
 84
- 土の乱れとはどのような現象をいうのですか？ 86
- 土を練り返すと強度が低下するのはなぜですか？ 88
- 斜面のすべり破壊とはどういう現象で、それを防ぐ方法はありますか？ 90
- 円弧すべりって何ですか？ 92
- 土に加えられた力を全応力といいますが、では有効応力って何ですか？ 94
- 大きな山の中に掘られたトンネルがつぶれないのはなぜですか？
 96

6
地盤の改良

- 軟弱地盤とはどんな地盤をいうのか、判断目安や基準ってあるのですか？ 100
- 軟弱地盤克服のための対策にはどのような工法があるのですか？
 102
- 地盤を改良するための砂でできた杭があるって本当ですか？ 104
- 土工事に使用されるジオテキスタイルって何ですか？ 106
- 盛土の安定処理はどのようにするのですか？ 108
- 盛土に発泡スチロールを使う工法があると聞いたのですが、どのような効果があるのですか？ 110

7
工事に関わる土

- トンネルはどのように掘り進むのですか？……………………114
- 地下鉄はどのように掘ってつくられるのですか？……………116
- トンネルを掘るためのシールドマシンって何ですか？………118
- 海上空港である関西空港はどうやって埋め立てたのですか？ 120
- 明石海峡大橋のような長大な吊橋を支える海の中の橋台はどうやってつくるのですか？……………………………………122
- 鉄道のレールの下には、土ではなく砂利が敷いてあるのはなぜですか？……………………………………………………124
- 土工事用の建設機械にはどんなものがありますか？…………126
- 土工事用の建設機械の違いがはっきりしないのですが、絵で説明してもらえませんか？……………………………………128
- 土工における切り盛り作業を効率よく行ういい方法はありませんか？…………………………………………………………130
- 地盤に支持層と呼ばれる部分があるそうですが、どんな層ですか？…………………………………………………………132
- 構造物を支える基礎工にはどのようなものがありますか？…134
- 土留め工にはどんな施工法があるのですか？…………………136
- 土工事中に発破をかけるか、否かはどうやって決められるのですか？…………………………………………………………138
- GPSが、土工事でも使われているって本当ですか？…………140

8
災害・環境に関わる土

- 大都市の地盤沈下はどのようなことが原因で起こるのですか？ ……144
- ときどき地下工事現場で酸欠による事故が起こりますが、どうしてですか？ ……146
- 道路の舗装に突然大きな穴があくことがありますが、原因は何ですか？ ……148
- 地盤の液状化とはどのような現象ですか？ ……150
- 地盤の側方流動とはどのような現象ですか？ ……152
- 山を削り取ったあとの崖は見るからに危険そうなのですが、大丈夫ですか？ ……154
- 地すべりの総合的な対策は、どのように進められていますか？ ……156
- 毎年のように被害者を出す土石流はどうして起こるのですか？ ……158
- 水資源としての地下水の抱える問題にはどのようなことがありますか？ ……160
- 地下ダムってどのような用途で使われているのですか？ ……162
- 最近よく耳にする大深度地下空間ってどのくらいの深さのことをいうのですか？ ……164

- 大きな社会問題である土壌汚染の原因は何ですか？ ……………166
- 建設発生土の問題について教えてください。 ………………………168

参考文献 ……………………………………………170
索引 ………………………………………………172

土の生い立ち

土はどのようにつくられてきたのですか？

　土は、陸地に生息するすべての生物にとってかけがえのないものであり、生物としての活動の場とエネルギーを供給する源です。
　土は、その下に埋もれている金属資源やエネルギー資源とは生成の過程を全く異にするもので、主として堆積岩や火成岩などの無機質の岩石が長い間風化作用を受けて、岩塊→岩くず→土に変化し生成されたものです。主に含まれる元素は、酸素、ケイ素、アルミニウム、ナトリウムなどです。
　岩石の風化作用には、地球上で反復される温度変化が岩石の収縮、膨張作用を引き起こし岩石を砕けさせる物理的な風化、浸透した雨水により岩石を溶解、酸化、加水分解させる化学的な風化、さらに植物の根圧、植物の遺体から分解される炭酸や有機酸、あるいは地中に住むミミズやモグラなどにより岩石を崩壊させる生物的な風化などがあります。これらは独立して作用するのではなく、さまざまに絡み合って岩石を土へと変えていきます。そして、こうした風化作用の原因や風化の程度だけでなく、もととなる岩石の種類や生成場所の違いなど複雑な成因を経て、さまざまな特徴を持つ土が生まれます。
　がけの断面や切り通しの両側をみると、下の方に岩石があり、上の方にいくに従って次第に小さな礫や砂など細かい粒子になり、表層部は黒味を帯びているのが観察されます。この層は上から溶脱層、集積層、土壌母材といい、簡単に、A、B、C層と呼ぶこともあります。
　A層とは、観察される断面、すなわち最も表層にある部分で、気候

や生物の作用を最も強く受けている部位です。落ち葉をはじめとする植物の遺体やその分解物などを多量に含むため、他の深い層よりも黒味を帯びています。B層は、A層のすぐ下にあってA層からの有機成分や無機成分が流れ出した物質が集積している層です。そして、C層は、土をつくり上げたもともとの材料、つまり母岩の層でできています。

　このような分け方は非常に一般的なもので、また、地下水位の変動や火山の爆発が繰り返されて、層の一部が削り取られたり灰の堆積が重なったりして、古い時代のA層、B層などがなくなっている場合があります。

　なお、ここでいう層とは、地質堆積物が重なり合ってできた、いわゆる地層とは別のもので、ひとつの土の断面の分化でできたものを指し、このため、土壌層位ということがあります。このような土壌化は、風化に続いて起こるもので、数百年から数千年を要するものと考えられています。

1　土の生い立ち

土は何でできているのですか？

　土は、岩石の風化作用によって生まれますが、それは固体の部分だけです。この部分だけをとらえるならば、土ではなく、土粒子というのが正確です。

　土は、固体（土粒子）、液体（水）、気体（空気）の三相を合わせてはじめて「土」と呼ばれます。実際に、地表面から土を手に取ろうと試みる場合には、こうした土粒子、水、空気の三成分を一緒にすくいあげているのです。

　この三相が土の中でそれぞれ占める割合は、土の構造と状態を反映する指標であり、この上に土木構造物や建築物をつくる場合にはこれを支える能力に、また、植物を育てる土壌として用いるのであれば、植物の根の伸び易さ、根への養分、水分、酸素などの供給の良否などに大きくかかわるため、土の性質を把握するのに非常に重要です。さらに、三相が土の中で占める割合だけではなく、土粒子の粒度分布や粒子同士の相対関係などでも土の性質は大きく異なります。

　土粒子は、大部分が岩石の破片とその風化によってできた粒子、および生物の遺体の分解と再合成によってできた土固有の有機物からできています。

　土粒子と土粒子との間にはすき間があり、その中は水と空気で占められています。このすき間を、間隙といいます。水は、大部分が自由水の形で存在しています。空気は、間隙中に存在するものはもちろん、水の中に溶けているものも含まれます。

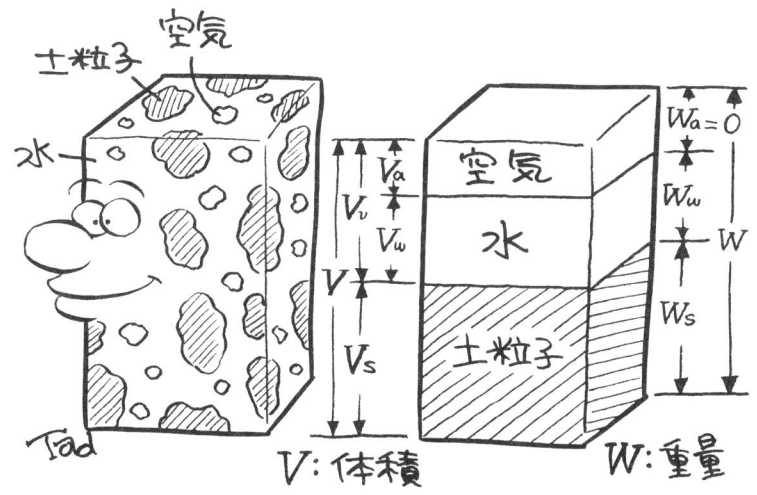

　三相の分布割合は、同じ土でも変化します。例えば、雨が降ったときは、間隙は水でいっぱいになり、干ばつになると、逆に間隙は空気が大部分を占めるようになります。土を締め固めたときの強度はこの水分の量によって変化をします。

　こうした土粒子、水、空気のそれぞれの体積と質量を用いることにより、その土の持つ性質を知ることができます。その代表的なものを挙げれば、土の間隙中の水の質量と土粒子の質量との比で表される含水比、間隙の体積と土粒子の体積との比で表される間隙比あるいは間隙率、間隙中の水の体積と間隙の体積の比で表される飽和度などがあります。その他にも、土の密度なども知ることができます。

土の種類にはどのようなものがありますか？

　一般に、地盤工学という学問から土をとらえる人たちは、地盤を構成する土の力学的な挙動による種類分けが必要なのに対し、土壌学という学問から土をとらえようとする人たちは、植物を育てるための土壌としての種類分けが必要になります。

　ここでは、地盤工学の立場から土の種類を見てみましょう。

　簡単に言えば、粘土、シルト、砂、礫の4種類があります。これは、粒径により分類したものです。

　しかし、実際の土は、これらの4種類がさまざまな割合で混ざり合い、しかも水分により各種性質を異にするので、さらに種類が細分化されます。この細分化された種類を示したものが、右表の土の工学的分類法です。この体系では、大分類、中分類、小分類、細分類の4段階の順に、目的に応じて、その土の種類を知ることができます。

　大分類では、粗粒分、細粒分、および有機物の含有割合により、中分類・小分類では、土の観察と粒度組成により、さらに細分類では、液性限界および塑性限界により、土の種類を細分化したものを表したものです。

　土には、いろいろな性質を示すものが多くあるので、まずどんな種類があるのか知り、さらにそれらがそれぞれどのような性質を持っているかを知ることが、土を材料として取扱う人にとって、非常に重要なことです。

土の工学的分類法

大分類	中分類	小分類	細分類

- 粗粒土
  - 礫粒土 G（礫分と砂分のいずれが多いか）
    - 礫 {G}（細粒分が5％より多いか少ないか）
      - きれいな礫 〔G〕（粒度の悪い礫(GP)）
        - 粒度の良い礫 (GW)
        - 均等粒度の礫 (GPu)
        - 階段粒度の礫 (GPs)
      - 細粒分混じり礫〔G-F〕（細粒分が|M|, |C|, |O|, |V| のいずれであるか）
        - シルト混じり礫 (G-M)
        - 粘土混じり礫 (G-C)
        - 有機質土混じり礫 (G-O)
        - 火山灰混じり礫 (G-V)
    - 礫質土 |GF|（細粒分が15％より多いか少ないか）（細粒分が|M|, |C|, |O|, |V|のいずれであるか）
      - シルト質礫 (GM)
      - 粘土質礫 (GC)
      - 有機質礫 (GO)
      - 火山灰質礫 (GV)
  - 砂粒土 S（細粒分と粗粒分のいずれが多いか）
    - 砂 |S|（細粒分が5％より多いか少ないか）
      - きれいな砂 〔S〕（粒度の悪い礫(SP)）
        - 粒度の良い砂 (SW)
        - 均等粒度の砂 (SPu)
        - 階段粒度の砂 (SPs)
      - 細粒分混じり砂〔S-F〕（細粒分が|M|, |C|, |O|, |V| のいずれであるか）
        - シルト混じり砂 (S-M)
        - 粘土混じり砂 (S-C)
        - 有機質土混じり砂 (S-O)
        - 火山灰混じり砂 (S-V)
    - 砂質土 |SF|（細粒分が15％より多いか少ないか）（細粒分が|M|, |C|, |O|, |V|のいずれであるか）
      - シルト質砂 (SM)
      - 粘土質砂 (SC)
      - 有機質砂 (SO)
      - 火山灰質砂 (SV)
- 細粒土 F
  - シルト |M|（液性限界が50％より高いか低いか）
    - シルト（低液性限界）(ML)
    - シルト（高液性限界）(MH)
  - 粘性土 |C|（液性限界が50％より高いか低いか）
    - 粘質土 (CL)
    - 粘土 (CH)
  - 有機質土 |O|（火山灰質であるかないか 液性限界が80％より高いか低いか）
    - 有機質粘土 (OL)
    - 有機質粘土 (OH)
    - 有機質火山灰 (OV)
  - 火山灰質粘性土 |V|（有機質であるかないか 液性限界が50％より高いか低いか）
    - 火山灰質粘性土（Ⅰ形）(VH1)
    - 火山灰質粘性土（Ⅱ形）(VH2)
  - 高有機質土 |Pt|（繊維質であるか 分解が進んでいるか）
    - ピート (Pt)
    - 黒泥 (Mk)

1　土の生い立ち

古生代、中生代、新生代などの地質年代はどうやって決めるのですか？

　普通、地球が形成されてから現在までの、約46億年の時間の流れを地質年代といいます。

　人間の歴史を示すのに、例えば鎌倉時代というような時代区分で示す相対年代法と、西暦何年というように暦年数で示す絶対年代があるように、地質年代を表すのにも同様な方法が使われています。

　地質年代の相対年代は、古い方から先カンブリア時代、古生代、中生代、新生代とに大別され、代はさらに紀・世・期に分けられます。

　地質の相対年代を区分するときに、時計の役をするのは地層です。地層は、古いものの上に順に新しい地層が積み重なって形成され、順序が逆になることはありません。このことを「地層累重の法則」または「累重の法則」と呼びます。これによって、2つの地層が上下に重なっていれば、どちらが新しいか決定できます。

　ところが、地理的に離れている異なった場所で見つかった地層の年代を比較する場合にはこの方法は使えません。そこで、地層に含まれている特定の時代を特徴づける化石を用います。この同時性を確かめる作業を化石による地層の対比、また、このような化石を示準化石または標準化石といいます。地質時代別の代表的示準化石を示せば、古生代は三葉虫・紡錘虫（フズリナ）、中生代はアンモナイト、新生代はナウマンゾウなどとなります。

　地層累重の法則および化石による地層の対比から定めた相対年代は時間的長さをもとにしたものではないので、各時代の時間的長さはま

代	紀(世)		絶対年代(単位100万年)		
			(今から前)	(期間)	(期間)
新生代	第四紀	沖積世(完新世)	1.7	1.7	65
		洪積世(更新世)			
	新第三紀	鮮新世	24	22.3	
		中新世			
	古第三紀	漸新世		41	
		始新世			
		暁新世	65		
中生代	白亜紀		143	78	182
	ジュラ紀		212	69	
	三畳紀		247	35	
古生代	二畳紀		289	42	328
	石炭紀		367	78	
	デボン紀		416	49	
	シルル紀		446	30	
	オルドビス紀		509	63	
	カンブリア紀		575	66	
先カンブリア時代	原生代		4000		4000
	始生代				

ちまちでした。しかし、1950年代以降、放射性元素の半減期を時計として利用した「放射年代炭素測定方法」が研究され、地質年代における時間が具体的にわかってきました。これが、地質時代の絶対年代の表現方法で、"今から何万年前"というように表すことができます。

プレートテクトニクスとはどんな理論ですか？

　昔、ヴェゲナという学者が世界地図を見ていて、アフリカ大陸の西側の海岸線と、南アメリカ大陸の東側の海岸線の形がよく似ていることに気が付きました。ここから、もとは一つの大きな大陸であったものが2つに裂けて、南米大陸とアフリカ大陸に分かれたのではないかと直感したのでした。これを、大陸移動説といいます。この考えは、実際に地球儀を切り取って重ねてみるとそのずれは結構大きく、距離に換算すれば相当のものであるし、なによりも唐突な考えであったことから、発表当初は全く世の中から受け入れられませんでした。しかし、その後、地質学や生物学、地球物理学などのいろいろな観点から研究が進み、この説は今ではほぼ全面的に受け入れられています。

　世界で起きた地震の中心、すなわち、震央分布を地図にプロットしてみると、ほとんどが狭い帯状の地域に集中していて、それらに囲まれた広い地域では地震がほとんど起こっていません。このことと大陸移動説を結びつけて、「地球の表層部がいくつかのブロックに分かれ、それらがたがいに運動しているため境界部で地震が起こる」と考えるとうまく説明ができることがわかりました。この一つ一つのブロックは変形しない板のようにふるまうので、プレートと呼ばれています。マントル上部の比較的やわらかい部分の上に厚さ70〜100kmの硬い十数枚のプレートが浮かんでいて、それらのプレートが地表では変形することなく運動していると考えるのです。この運動によって地球上でおこるさまざまな現象を統一的に説明する理論のことをプレートテ

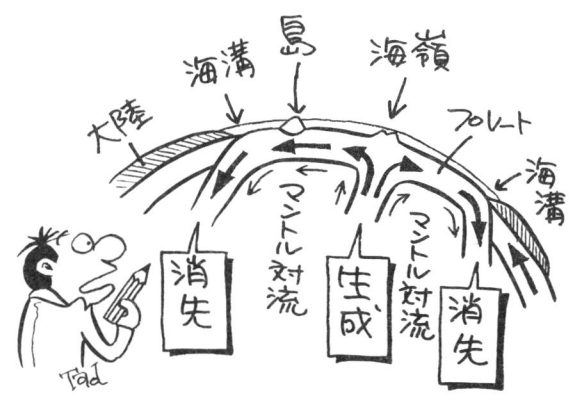

クトニクスというのです。

　プレートテクトニクスは、さまざまな地質現象は剛体であるプレート同士の相互作用により起こるとする考えですが、マントル中の上昇流と下降流を表すプルームという言葉を用いてプルームテクトニクスと呼ばれる概念に含まれます。

　プレートが互いに運動しているとすると、①2つのプレートが互いに離れる境界、②2つのプレートが互いに衝突する境界、③2つのプレートが互いにすれ違う境界の三種類の境界があることになります。

　①では、離れていく2つのプレートのすき間を埋めるように、地球内部から高温のマグマが上昇してきて新しい海洋底が生まれ、これが冷え固まり、新しいプレートとなって左右に広がっていきます。このとき、境界部の頂上部に断層が生じ、比較的浅い地震が起きます。中央海嶺がこれにあたります。②は、島弧・海溝や造山帯がこれにあたり、海溝では、海洋のプレートが大陸のプレートの下へ斜めに沈み込み、両プレートの境界面上で断続的に地震を起こします。また、大陸をのせたプレート同士が衝突する場合は、境界付近が盛り上がってヒマラヤ山脈やアルプス山脈のような大山脈ができます。③は中央海嶺や海溝を橋渡しする役目をする断層で、橋渡し断層、またはトランスフォーム断層と呼ばれています。

月には土がないと聞きましたが、本当ですか？

　月は地球にいちばん近い天体であり、昔から人々に親しまれてきました。月世界を最初に科学的にとらえるようになったのは、1609年、ガリレオ＝ガリレイが手製の望遠鏡を月に向けたときからでしょう。彼は天上の世界にも山や谷があると言って驚いたといわれています。

　月の表面には明るい部分と暗い部分とがありますが、この2種類の地域では明るさが違うだけでなく、地形も異なっています。暗い地域は昔から月の海と呼ばれ、太平洋の海底のように平坦で、明るい地域より低いところにあります。明るい地域は月の陸地と呼ばれ、そこには大小のクレーターが押し合いへし合い詰まっています。起伏が激しく、高低差は地球の山並みで、数千m、1万m級の高い山もあります。

　月がどのようにして形成され、その表面の地史がどのようであったかについては、まだ十分には明らかにされていませんが、1969年にアポロ宇宙船が採集してきた月の岩石や、月面に設置した月震計の測定記録あるいは2007（平成19）年からの月周回衛星かぐやによって得られた多くの観測結果などによって、かなりのことがわかるようになってきました。

　それによると、月の海の部分はおもに玄武岩でできていることがわかりました。玄武岩は火山性の岩石で、月ができたばかりのときの初期物質が一度溶けてケイ酸（SiO_2）の多い成分が分離し、流出して固まったものです。つまり、月の内部は少なくとも一度は溶けていた証拠です。月では、風化作用が地球上のようには起きないので、土があ

りません。地球の昔の状態に似ているといわれており、岩石のほかにはちりがあるだけです。このちりの約半分はガラスで、月面を歩行した宇宙飛行士がちりを蹴散らしながら動き回ったことを覚えている方も多いでしょう。このちりのことを"レゴリス"と呼んでいます。

　月の海の部分にある岩石からその形成の年齢を調べると、約30億年となります。つまり、このころには月の内部は溶けていたことになります。また、このころ形成された岩石は強い磁性を持っているので、内部が溶けて今の地球のように磁場を持っていたこともわかります。

　月の岩石のなかには40億年以上古いものも見つかっているので、月ができたのはそれ以前です。月と地球の成分組成が似ていることや、月全体が溶けた時期はなかったことから、おそらく地球とほぼ同じ環境のところで、同じころに形成されたのだろうと考えられています。

　月の岩石を詳細に調べると、マイクロクレーターと呼ばれる直径0.01mm程度の穴が無数にあいているのが見られます。これは太陽方向から飛んできた直径0.1μm程度の微粒子が高速で衝突したためにつくられるものです。月には抵抗となる大気がないので、現在でも微粒子から微惑星程度のものまで多様な大きさのものが月面に衝突し、今でも大小さまざまなクレーターをつくり続けているのです。

 地盤工学、地形学、地質学、土壌学など、似たような分野がありますが、違いは何ですか？

　土を対象として扱う学問には、地盤工学、地形学、地質学、土壌学など数多くありますが、これらはどう違うのでしょうか？

　まず、地盤工学とは、地盤の上にダムや橋などのさまざまな構造物をつくるときに、地盤の力学的特性を明らかにしながらそれらが安定していられるかどうかを判断するような学問です。かつては、土粒子が独立していて固まっていない土を対象とする土質工学または土質力学と、土粒子が固結した地盤を対象とする岩盤力学とに分かれていましたが、最近はこれらを総称して地盤工学と呼ぶようになっています。

　地盤工学では、土がいつどこで形成されたかというような土粒子の品質に関することには直接には関心がなく、このような土粒子を固めた土で盛土をつくり、その上に道路や鉄道をつくるとしたらその盛土はどんな力学的性質をもっていて、その斜面は安定しているかというようなことを工学的に調べることに重きを置いています。もともとは、土粒子を粒体や粉体と見なした上に築かれた理論的な学問体系と、その土の含水量が変わるとその性質がどのように変化するかなどを実験を中心にして調べあげるという経験的な学問体系が融合した工学の1つとしてとらえることができます。

　一方、地形学とは、19世紀末から20世紀初頭にかけて体系化されてきた比較的新しい理学系の学問で、地球の表面を構成するあらゆる地形がどのようにつくられたのか、あるいはその歴史などを研究する

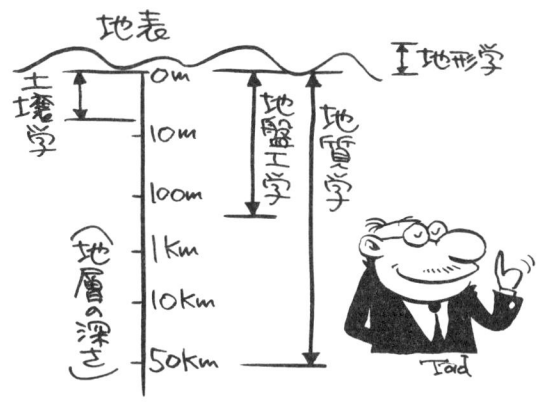

ものです。大地がどのように形成され、それが地殻変動、地すべり、落石などによってどう変形し、また岩石の残骸などが風や氷河や川の流れによってどのように風化したり、浸食されたりするかなどに焦点が当てられています。近年では、人類の営みが物理的環境に及ぼす影響にも関心がもたれるようになっています。

　また、地質学は地殻を中心とした地球全体の構造、岩石や地層など地球を構成する物質、地球に働くいろいろな作用とそこに起る諸現象、さらには地球上の生物とその進化などを研究する理学系の学問です。地質学は、地球で起ったさまざまな現象を地球の歴史的な進化の過程としてとらえるという意味で歴史科学の性格が強く、ほかの自然科学とは異なる特徴をもっているようです。

　これらに対して土壌学は、土壌のもついろいろな性質や、その生成と発達、分布に関して研究する農業や林業など応用科学と関連が深い自然科学の1つです。従来は農学の一部に含まれてきましたが、現在は地球科学の一つとされています。

　以上、紹介した互いに関連する各学問分野は、研究対象とする地球のおおよその深さがかなり異なります。地質学に基づいた調査によって地盤の強度を推定したり、土壌学の知識から土のコンシステンシーを学ぶなど、これらの各学問は互いに深い関係があります。

2

いろいろな土

 **よい土とはどんな土ですか？**

　普段、私たち人間は土からいろいろの恩恵を受けて生活しています。

　その1つは食物を育ててくれる畑の土です。地表面の土は、主に火成岩の風化によって生成された鉱物性の粒状物質で、他に水や空気を含んでいます。このうち最も表層にある部分をA層位または表層土といい、植物の生育に必要な水分や多種類の養分を多く含んでいます。これらの水分や養分が植物に吸収されるためには、一定期間その養分を保持しておく必要があります。このような保持能力は土の粒子が細かいほど高く、砂や礫よりも粘土の方が優れています。しかし、あまり長期間水分を保持し続けるのも、根腐りをおこしたりするので良くありません。また、土の中では微生物も多く棲んでおり、彼らにとっては適度な通気性も必要です。そこで、砂、礫、粘土の粒子が適当に混ざったものが畑の土としては最適なのです。園芸用の土として有名な鹿沼土は、上の条件を満足するような適度な粒子の土です。このような表層土は地表面の数cmから1mぐらいの非常に薄い部分なので、いったん流失してしまうと、その後は植物が育たない完全な荒れ地となってしまいます。

　また、レンガなどの建材や、陶器などの日用品をつくる土もあります。このためによい土とは、粒子が細かく、高温で変質して固いものになる性質を有していなければなりません。この条件を満足する土は粘土です。

　一方、建物などを建てるときは、どのような土が好ましいのでしょう。空気や水分を多く含んでいる土は、重いものを載せるとすぐに変形してしまうため、好ましくありません。建物の基礎としてよい土とは、重いものをしっかり支えてくれる、つまり支持力の大きな土です。

　土の強さを決める要因の一つは密度ですが、含水量の大きな土は密度が小さく、変形量が大きくなります。このような場合には水を絞り出して密度を上げれば強度はあがります。そのためには水を通しやすいものがよいのです。このような条件を満足する土は、砂を多く含んだ砂質土からなる層にあり、多くはこれを支持地盤とします。したがって、建物の基礎としては砂や礫を含んだ土が最適ということになります。しかし、日本の海岸沿いの大都市の下は、沖積層という軟弱な粘土層が広がっています。このような軟弱地盤の上に大きな構造物を建造する場合には、地盤改良を行って地盤の支持力を高める土木技術が必要になります。

関東平野を広く覆う関東ローム層の起源とその特徴を教えてください。

　関東ロームとは、もともと関東平野の台地や丘陵を広く覆う赤土とよばれる赤褐色の土壌が、砂、シルト、粘土がほどほどに混じり合い、これが土壌学上の分類でロームとよばれる粒度組成をもっていたために、東京周辺のものにつけられた土壌学上の名称です。

　ところが、その後、関東平野の大部分を覆い、厚さ数十mにも及ぶこの赤土は、富士山、箱根山、八ケ岳、浅間山、榛名山、赤城山、男体山などの関東平野の西方および北方の第四紀火山群からもたらされた火山灰、軽石、岩滓などを主体とした火山砕層物が風化したものであることが明らかとなりました。中には遠く九州の火山の灰まで含まれていることがわかっています。

　こうして、いつの間にか、この火山がもたらした砕層物の総称を、本来の粒度組成とは無関係な呼称として関東ロームとよぶ習慣ができてしまいました。

　さて、がけや切り通しで、関東ロームの赤土の断面を見ると何層もの縞模様が見えます。これらの総称を関東ローム層といい、時代的にいくつかの層準の地層に区分され、南関東では古いほうから、多摩ローム、下末吉ローム、武蔵野ローム、立川ロームの四層に区分します。また、群馬県では三層、栃木県では四層に区分しますが、この方法は、段丘が欠如している火山地域や沈降地域では適用できないので、関東ロームをもたらした火山の活動史や不整合の形成時期などを重視した区分法が考えられています。

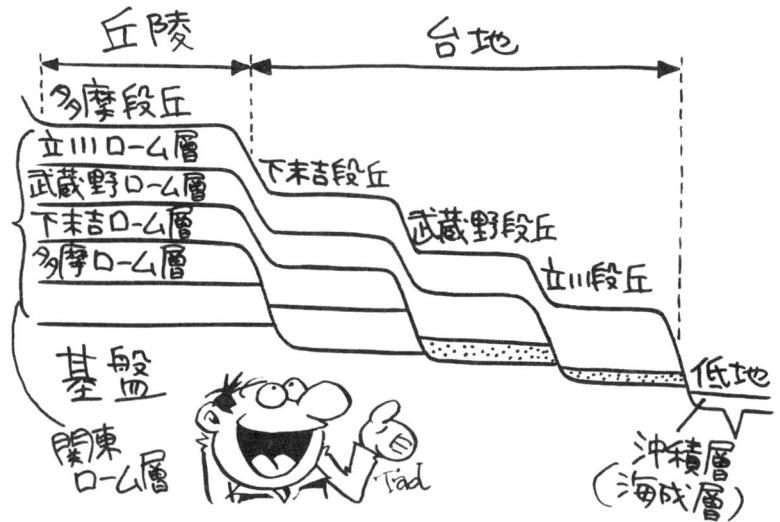

　ローム層は古い地形面ほど厚い層となっていて、たとえば多摩面とよばれる地形面では多摩ローム層より上が全てローム層であるのに対して、立川面という地形面には立川ローム層しか載っていません。さらに東京の下町方面の沖積面にはローム層はほとんど載っていません。

　関東ロームの量は膨大であって、これが、関東平野をどんどんと埋め立てるように陸地を増やしたばかりでなく、台地を侵食から守って丘陵化を遅らせたという役割を演じた訳で、関東平野の地形発達史にも大きな影響を及ぼしているといえます。

　関東ロームは、高含水比粘性土のため、乱さない状態での強度はかなり高いのですが、いったん乱すと、土が軟弱化し強度が低下してしまうという特徴があります。このため、盛土材として使用する場合に締固めが困難であったり、降雨後に施工機械の走行が不能になったり、冬季には霜柱が著しく発生するなど、工学的にはやっかいな土といえます。

九州南部のシラス台地のシラスとは何ですか？

　シラスとは、広く全体が白色軽石質の厚い地層のことで、時には十和田の軽石流などに対しても広い意味で用いられますが、普通にシラスと呼んでいるものは、鹿児島湾北部を中心として鹿児島、宮崎両県と一部熊本県にもまたがる、4,712km²の分布面積をもつ砂質のさらさらした軽石流堆積物のことを指します。語源は『白砂』または『白洲』を意味する俗語といわれており、通常、中生層または安山岩の上に厚さ数m～100m程度の層を成して覆っており、その上部は火山灰土壌となっています。

　考古学でいう旧石器時代にほぼ相当する洪積世後期の火山活動による火砕流堆積物が起源となっており、地元の九州の人たちは、白く見える非溶結部とその二次的堆積物のことをシラス、溶結してしまって少し黒みがかって暗灰色にみえる部分は灰石と呼んで区別しています。

　シラス台地とは、シラスからなった台地のことで、一般に切り立った断崖となって河川に接しています。南九州に広く発達していますが、なかでも、約2万2,000年前の洪積世後期に現在の鹿児島湾の一部である始良カルデラと阿多カルデラが形成されたときに噴出して熱雲として流下した入戸火砕流による堆積物からなるものがシラス台地を形成し、厚さは最高150mにも達しています。

　その成分は、主に火山灰、軽石、岩石片で、いわゆる層理は見られません。灰白色で孔隙に富み、深い谷、切り立ったがけという特有な

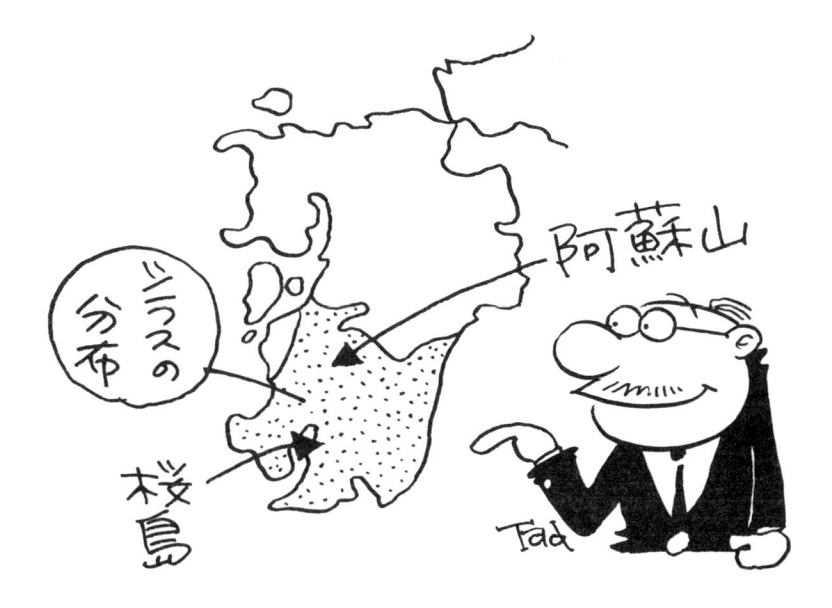

景観を呈しています。

　シラス台地の表面は、厚さ数ｍの火山灰層に覆われていて、一般に平坦です。畑作や稲作が行われていますが、シラスがほとんど粘土を含まず、水分と養分の保持力が極端に悪いため、畑は干ばつを受けやすく、水田はとても漏水しやすい状態となってしまいます。また、シラスが直接地表に露出した場所、または再堆積したところにつくられた耕地は、平時は地下水位が深いため水不足に悩まされ、土壌は酸性が強く、地力はふつうの土地の半分程度しかない状態です。そのため、粘土を混ぜたり、堆厩肥を施すなどの改良策が行われています。

　自然状態では鉛直に近い急斜面でも自立していますが、降雨などによる浸食・崩壊を起こしやすいため、台風や集中豪雨時に表流水、地下水によるがけ崩れが多発します。

　このようなシラス台地は、よく、「〜原」（〜ハラ、〜バル、〜ハイなど）と呼ばれており、鹿児島県の十三塚原、春山原、須川原、笠野原などはその代表例です。

2　いろいろな土

一般的な土と異なる高有機質土ってどんな土ですか？

　植物の遺骸が混入している土を有機質土といいます。中でも有機物含有量が50％以上で、有機物が土の性質に大きな影響力を持つような土を高有機質土と呼び、さらに未分解の繊維質が残存しているものを泥炭、分解が進み黒色を呈する黒泥とに分類しています。

　高有機質土は、枯死した植物の遺骸が低温多湿の条件のもとで、長年にわたり、分解不十分のまま堆積したものです。堆積環境が一定の条件を満たしているところではどこでも見られますが、わが国では北海道の泥炭が有名です。

　高有機質土が形成される条件としては、植物の生育に必要な水分が十分供給されやすい湿地帯であり、下部には水を逃がさない不透水層が存在していること、また、植物の生育は妨げないが、遺骸の分解を抑制する程度には低温地帯であることなどが挙げられます。地形的には、低地氾濫原の後背湿地、地すべりや火山噴火によるせき止め湖、湖沼などのように水はけが悪く、常に水分が過剰に補給されやすい場所に厚く堆積しています。気候的には、亜寒帯、湿潤寒冷地帯に多く発達し、平均気温が1月で－15℃以上、7月に20℃以下、降雨量が蒸発量を超える地域といわれています。

　高有機質土は一般的な土と異なり、細長い繊維が残存しているため、土粒子を粒状体と仮定する土質力学的考え方をそのまま応用できない点が多く、また、堆積環境から顕著な異方性をもち、一般的な土ではみられない引張り強度も有します。

泥炭のでき方

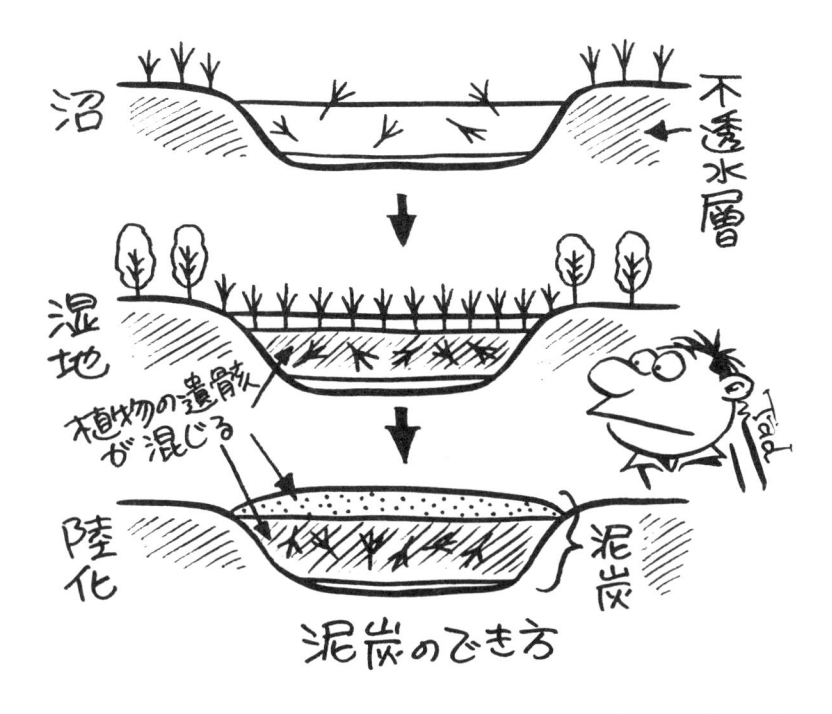

　高有機質土の工学的特徴は、超軟弱、高圧縮性、低強度です。また、堆積環境の影響で地盤は不均一であり、深さ方向に変化が激しくなります。土は粒子の間隙に水と空気を含んでいますが、高有機質土は繊維のなかにも水を貯蔵しています。したがって、有機物含有量や分解の程度によってばらつきがありますが、含水比が200～1500％というとび抜けて高い値を示します。主要な構成物質が腐植物であるため、密度も著しく低くなります。地盤中を流れる地下水は堆積時に異方性が発達しているため、透水係数は垂直方向に比べ水平方向が卓越し、2～7倍も大きいといわれています。

　繊維質が残存しているため、サンプリングが困難で、また、採取できても試料には相当の乱れが生じています。したがって、原位置でベーン試験や、コーン貫入値より強度を求める方法が適しています。

2　いろいろな土

日本海沿岸の鳥取砂丘はどのような過程でできたのですか？

　鳥取砂丘は、鳥取県東部、日本海沿岸にある砂丘で、千代川河口東部の福部・浜坂砂丘、西岸の湖山砂丘を総称して呼びます。およそ東西16km、南北2kmにまたがっていますが、狭義には、浜坂砂丘のみを指すこともあります。砂地環境下での動植物生態が学術的に貴重なことから、東半部は国の天然記念物に指定され、山陰海岸国立公園にも属しています。

　一般に、砂丘とは、風によって移動した砂が堆積して形成された丘や堤状の地形のことを指し、砂の供拾が十分で、移動するほど乾燥して、比較的風の強いところに形成されやすいといわれています。砂丘の大きさは長さ数m～数十km、高さは数m～数百mまでさまざまで、できる場所によって砂漠砂丘、海岸砂丘、河畔砂丘、湖畔砂丘に分けられます。また、その形態によって、バルハン砂丘、横列砂丘、縦列砂丘、塊状砂丘、障害物に関係する砂丘に分類されますが、これは、砂の堆積する基盤の性状、風力、風向、供給される砂の量などにより左右されます。

　鳥取砂丘形成の大きな原動力となっているのは秋季、冬季の北西季節風で、風速2m内外の弱い風により美しい風紋が生まれ、10m以上の強い風が吹くと砂嵐が起こり砂丘の形が変わります。

　鳥取砂丘内の最高標高は92m、海岸寄り外側部分には砂丘形成が現在も進行中の白砂丘があり、反対の内側は黄褐色砂丘となっています。全般に起伏が大きく、植物群落をもつ凹地群が多くみられます。

砂丘は、それ自身が位置を変えるか否かで、移動砂丘と固定砂丘に分けられます。障害物がなければ砂丘は自由に位置を変えますが、一般的には年降水量が150mm程度を超えると植物が茂って砂の移動を妨げるため、砂丘は固定化されやすくなります。砂丘の固定化は植林によっても起きますが、これは砂丘の移動による集落や耕地の被害を防ぐために人工的に行われているものです。

　砂漠の砂丘は固定するのが困難で、管理を間違えると砂の再移動が始まってしまいます。鳥取砂丘では、天明5（1785）年以降、砂防造林に次いで新田開発も始められましたが、明治29（1896）年以降は軍隊の演習地となったため、三砂丘が残されました。第二次世界大戦後、大規模造林で砂防を行いましたが、北西方向からの天然記念物地域への砂の移動が弱くなりすぎ、草原化が進行してしまったので、"文化財保護か、緑化か"をめぐる長年の論議の末、風上にある50.5haの保安林が伐採されることとなりました。

　砂漠周辺の砂防林の間は、アメリカ合衆国のネブラスカ州では上質の肉牛を生産する牧場として、ナイジェリア北部では大量の落花生を生産する畑として利用されています。鳥取砂丘では福部砂丘のラッキョウの栽培が有名です。

暮らしと土の横顔

土は生活にどの程度利用されているのですか？

　土を分類するのに「工学的分類法」という方法が用いられており、土の粒度試験や液・塑性限界試験などの各種試験や観察によって礫や砂、粘土、高有機質土といったように分類します。この中でも粘土は私たちの生活に大いに活用されています。

　ひと口に粘土と言っても多くの種類があり、カオリナイトやモンモリロナイトなど、含まれる粘土鉱物の種類によって性状が異なっています。私たちの生活に最も古くから用いらていれる粘土製品といえば磁器や陶器ですが、この原材料にはカオリン粘土（カオリナイト系の粘土鉱物が主成分）や石英、長石が含まれています。カオリン粘土は、電子顕微鏡で見ると板状の構造をしており、水を含んでも膨張しにくい（非膨潤性）ため、適度な水分量であれば陶磁器のように高温で焼成しても割れにくいのです。このほかにカオリン粘土のような非膨潤性粘土は、黒鉛筆の芯やコピー用紙、外用薬の湿布、固形タイプの口紅やファンデーションなどに利用されています。

　これに対して、モンモリロナイトは、ティッシュペーパーが幾重にも積み重なったような構造をしており、水を含むと層間に水分子が入り込むことで大きく膨らむ膨潤性の粘土鉱物です。このような膨潤性の粘土鉱物は、地すべりの発生に深くかかわっていると言われていますが、一方ではその吸・保湿性の高さから外用薬である軟膏の基剤や保湿クリーム、猫のトイレ用の砂（土質分類上は砂ではありませんが）など、私たちの生活の中で利用されています。さらに、東京湾アクア

ラインに代表されるシールドトンネル工事の切り羽安定液や建築現場での場所打ち杭掘削時の安定液としても膨潤性粘土が利用されています。

　このほかにも、世のお父さんたちの強い味方になる土もあります。工事現場では厄介者として扱われている高有機質土のピート（泥炭）は、スコッチウィスキーを製造する際に、麦芽の乾燥のために燃料として使用されています。このときに付くピート香がスコッチウィスキーの特徴で、穏やかな夜のひとときを演出してくれるのです。

　また、食事を摂り過ぎてしまったときに飲む胃腸薬としても土が使われています。スメクタイトという膨潤性の粘土鉱物を主成分とする酸性白土です。これは胃酸過多を抑え、胃壁を保護する作用をもっているため、そのような胃腸薬の主薬として使われています。これとは逆に、人の健康を害するものもあります。肺がんや中皮腫といった病気を発症することで有名になったアスベストも粘土鉱物の1つなのです。このように良きにつけ悪しきにつけ、土と私たちの生活には切り離せない深い関係があるのです。

汚れた水を砂に通すと，浄化されきれいになるのはどうしてですか？

　近年、中東やアフリカなどの水不足に悩まされている地域で、厚さが1μmにも満たない合成プラスチックの膜を用いたろ過装置が注目されています。コピー用紙の厚さが約100μmですので、ろ過膜がいかに薄いかがわかると思います。このろ過膜には水分子が通過できる程度の小さな穴が空いていて、この膜に海水を通すことで塩分や微細有機物、発がん性物質が取り除かれ、真水が得られるのです。つまり、このろ過という操作は、水を「ふるい分け」することに相当し、砂もろ過材として利用されています。

　私たちの飲料水をつくっている浄水場では、表流水や地下水などの原水を取り入れ、薄い砂利層の上に設けられた厚い砂層を通過させて浄化する砂ろ過という処理が行われています。また、砂ろ過には緩速ろ過法と急速ろ過法があり、緩速ろ過法では1日に砂ろ過面 $1m^2$ 当たり4〜5m^3 程度の水を通過させるのに対して、急速ろ過法では $120m^3$ 程度と約30倍の水を処理しています。

　水道原水には微細な土粒子のほかに多数の有機物、無機物の粒子が含まれており、これをゆっくりと砂層に通すと表面付近の砂の間隙に原水の浮遊物質が蓄積されます。そして、蓄積した浮遊物質を栄養源として、直射日光の当たる砂層表面では藻類が発生してろ過膜が形成されるとともに、砂層間隙には好気性細菌によってズーグレアと呼ばれる膠状の皮膜が形成されます。これらの生物によるろ過膜は、人体に有害な細菌類や水溶性有機物、アンモニアなどの物質を除去するよ

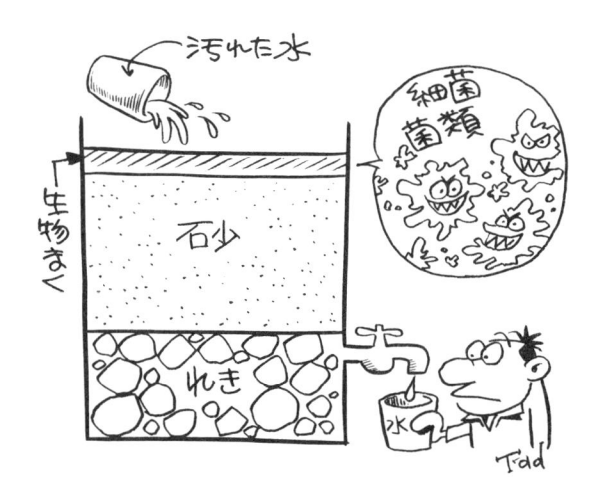

うになります。生物膜によるふるい分けといってもよいでしょう。これが緩速ろ過法による浄化作用の原理で、1887（明治20）年に日本で最初に建設された横浜の水道にもこの緩速ろ過法が採用されました。

　一方、急速ろ過法では、原水にポリ塩化アルミニウムなどの凝集剤を加え、原水内の浮遊物質を団粒化して沈下させた後の上澄水を砂ろ過します。そのため、浮遊物質を栄養源とする微生物は繁殖せず、砂層の通水能力が低下しにくいために通水量が多くなり、緩速ろ過法に比べ少ない面積で効率よく砂ろ過が行われます。しかし、生物膜によるふるい分けは行われないため、砂ろ過後の水には細菌類や水溶性有機物などが残ったままになり、最終的にはろ過水を塩素消毒します。そのため、急速ろ過法による水道水はおいしくありません。しかし、最近ではオゾンや生物活性炭による高度浄水処理を導入した急速ろ過法によっておいしい水道水（「東京水」が有名）が得られるようになっています。

　これらのことからわかるように、砂自身に浄化能力があるわけではなく、砂粒子の周りに繁殖した微生物が水を浄化しているのです。

歩くとキュッと鳴る砂浜がありますが、どうして音がするのですか？

　日本には、琴引浜（京都府網野町）、琴ヶ浜（島根県大田市、石川県輪島市）、十八鳴浜（宮城県気仙沼市）、九九鳴浜（宮城県唐桑町）と呼ばれる音にちなんだ砂浜がいくつもあります。これらの砂浜に共通しているのは、歩くと音の鳴る「鳴砂」と呼ばれる砂があるということです。鳴砂には「Musical Sand」や「Singing Sand」という英名もあることからわかるように、この砂は日本固有のものではなく、カナダやアメリカなどにも存在することが知られています。

　日本の鳴砂は、九州から近畿地方の日本海側沿岸部、福島県から岩手県の沿岸部に広く分布しており、鳴砂の分布図にまさ土の分布図を重ね合わせると、鳴砂とまさ土の分布が概ね一致しています。まさ土は花崗岩が風化してできたもので、主に白〜灰白色で半透明な石英と不透明な長石、黒色の黒雲母から成っています。長石や黒雲母は風化して粘土鉱物に変化しやすいため、風化の進んだまさ土には石英が多く含まれるようになり、全体として白色に近い色合いになります。鳴砂で有名な浜に白浜（宮城県牡鹿町）あるいは白良浜（和歌山県白浜町）と名の付くものがあるのはそのためで、鳴砂の主成分は石英であることが知られています。

　では、鳴砂はなぜ音が出るのでしょうか？　音とは、「物体の振動や空気の振動として伝わって起こす聴覚の内容（『広辞苑』より）」であり、大きさ（音圧）・高さ（周波数）・音色（波形）という音の三要素によって特徴づけられます。つまり、音が出るためには物体が震

動する必要があるわけです。賢明な読者諸氏は、すでにお気づきだと思いますが、音の発生原因は砂粒子の表面摩擦に起因する砂層の振動です。石英粒子は、きれいに洗われると表面の摩擦係数が極端に大きくなるという特性があります。そのため、これを足で踏むことで砂粒子に力が加わった場合、ある限界までは動きませんが、さらに大きな力が加わると耐えきれずに滑り出し、力が開放されて砂は静止します。これを繰り返すことによって、砂層が振動し始めて音が出るわけです。ちなみに、鳴砂の奏でる音の周波数は400Hz前後であるといわれています。人間にとって一番心地良く感じる音の周波数は440Hzといわれており、身近なところではNHKの時報にも使われているラの音だそうです。琴引浜を訪れた与謝野晶子は、心地良い鳴砂の音を聴き、以下の句を詠んでいます。

　「松三本　この陰にくる　喜びも　共に音となる　琴引の浜」

　石英は、汚水の混入や車の排気ガスなどによって表面にわずかな汚れが付くと、たちまち鳴かなくなってしまいます。心地良い砂の音色を守るためには、自然環境の保護が大切なのです。

冬の寒い朝でも、日により場所により、霜柱ができたりできなかったりするのはどうしてですか？

　冬季に外気が0℃以下に下がると、地表面付近の間隙水が凍結し始め、凍結面が徐々に地中に下がって、凍結範囲が広がっていきます。このとき、水が土の中をある程度自由に動けると、水が地中から凍結面に向かって土の粒子のすきまを通りながら補給されて、氷が成長しながら柱のようになってしまいます。これが霜柱です。

　霜柱は、地中の水が凍結したものですから、空気中の水蒸気が凍った霜とはまったく成因が異なるもので、本当は霜柱という表現は正しくないのでしょう。氷は下方からだんだん上方へ伸びてゆき、氷の柱となります。氷柱はほぼ鉛直に立ち、その長さはときには10cmを超えますが、霜柱が発生するのは、地表面の温度が0℃以下で、しかも地中の温度は0℃以上でなければなりません。水が土の中を上昇するのは、土の粒子のすき間の毛管作用によるもので、土粒子の間隙がこの毛管現象を促進するような大きさと形をしていることが必要で、このため、土質によって、霜柱ができたりできなかったりすることになります。一般に砂地や粘土にはできにくく、関東地方に多い赤土にはできやすいといわれています。霜柱は農作物を枯らすことがあり、また霜柱が融けると、ひどいぬかるみをおこします。

　この霜柱に非常によく似たメカニズムで起きるものに凍上と呼ばれる現象があります。これは、冬季の北海道のように地面の中まで凍結するような地域で、よく道路の表面がポコポコと盛り上がったような状態になる現象です。舗装を支える路床土の中に含まれる水が凍結す

るからなのですが、普通は水が凍ってもとその体積は9％程度しか増えないので、路床の間隙水が全部凍結したくらいでは道路にこぶができるほど、場合によっては数十cmも盛り上がるはずがありません。

　北海道のようにあまり寒すぎると、地表面付近では、毛管作用で上昇する水が急速に凍ってしまうので、水が単に凍結をするだけということになります。しかし、地中数十cmのところに凍結面があって、適当に水分と空気が供給される条件が整うと、その深いところに霜柱と同じようなメカニズムでアイスレンズという氷層が形成されます。周囲の拘束条件が違うためにこのような形になるのです。このアイスレンズの膨張するときの広がる力がその上に載っている土や舗装よりも大きくなると、その地表面や舗装路面が盛り上がり、凍上という現象として現れるわけです。

　舗装の下で凍上が起きると、その舗装は破壊してしまいますから、施工時に何らかの対策を施す必要があります。土中の温度が0℃以下であること、凍結しやすく軽い土質であること、粒子の間に水があることの3つの条件のうちのどれかをなくしてあげればいいわけです。普通は、毛管現象で凍結面に水が供給されてこないように、路床の土を砂で置き換えることによって凍上を防いでいます。

見た目では同じように見える陶器と磁器にははっきりした違いがあるのですか？

　陶磁器は、窯業製品、いわゆるセラミック製品の代表的なものの一つで、粘土またはそれに類似する原料を用い、成形後目的とする性質が得られ、しかもその形状が失われない温度で焼成してできた器物のことで、日本で広く使用されている「焼物」の総称であり、土器・陶器・炻器(やっき)・磁器の4種に分類されます。これらの分類は、原料となる粘土の種類には直接対応せず、焼成温度、色、うわぐすりの有無、吸水性などによります。

　土器は、植木鉢に用いられるような、うわぐすりをを用いない素焼きの器物です。

　陶器は、粘土質原料に石英、長石等の鉱物を加えて成形し、900～1300℃で素焼きして固めた後、うわぐすりを施したものをいいます。素地は多孔質なために吸水性があり、磁器に比べて堅さや力学的な強度は低く、何かで打てば鈍い濁った音を発して、ほとんど光を通しません。組成により、素地が白色で食器によく用いられる精陶器と、酸化鉄等の不純物を含み着色してかめなどに用いられる粗陶器に分けられます。前者のうち特に磁器質程度までに焼き締めたものは硬質陶器と呼ばれます。

　一方、磁器は、良質の粘土、石英、長石、陶石などを成形して、1300～1450℃で溶化するまで十分焼き締めたものです。素地は白色、ガラス質で陶器と違って吸水性がなく、逆に光を通す性質があり、力学的強度は強く、打つと甲高い金属音を発します。うわぐすりは一般

に長石質のものを用います。磁器は、原料中のアルミナ分が少なく焼成温度が比較的低い軟磁器とアルミナ分が多く焼成温度が高い硬磁器に分けられます。前者は主として美術工芸品に、後者は碍子(がいし)や一般食器に用いられます。瀬戸焼、有田焼などが有名です。

　炻器は、磁器と同様によく十分に焼き締めるため吸水性がないのですが、うわぐすりを用いず、また多くは有色で不透明であるということ点で異なります。

　陶磁器は、その有用性だけではなく、美しさと品質の点からも評価されます。ただし、歴史的にみると、単なる芸術品として自由な形で発展することはありませんでした。陶磁器に皿とか壺とか瓶というような名称がついているのは、それぞれが本来の使用目的をもち、それを意識して発展してきたからで、装飾品もそれを引き立てるためについているものです。ですから、それらの実用性を失わないように素地の質が制限され、あるいは使用される装飾やうわぐすりや顔料も制限されているわけです。例えば、直火にかける目的をもった陶磁器の素地には耐熱性が要求されますし、食器に用いる場合には有害な原料の使用は避けなければならないないわけです。

やわらかそうな海岸の砂のうえを車が通れるのはなぜですか？

　海辺の波打ち際から離れた乾いた砂の部分では、歩けば足を取られますし、自動車では通過するのがやっとです。

　ところが、波打ち際の湿った部分は急にしっかりした感じがして、歩きやすくなります。白馬にまたがったさむらいが疾走するのもだいたい波打ち際です。このような場所では自動車もすいすいと走ります。どうして波打ち際の砂はしっかりしているのでしょうか。

　単に砂が水を含むと強度が増すと単純に考えるのは正しくありません。波打ち際に立っているときに波が押し寄せると、今度は足の周りが急に柔らかくなってしまうことからも明らかです。

　砂を粒径が等しい球の集まりと考えてみて下さい。砂は、最密立法充てんということばに代表されるように、どんなに密に詰めても約26％の間隙ができます。波打ち際の砂は、かなり密に詰まっていてこのような状態にかなり近いと考えられ、間隙はほとんど海水で満たされているはずです。

　さて、このような状態の砂に自動車のタイヤが載るとどうなるでしょうか。砂は変形しようとしますが、今の状態が密に詰まっているので、変形すると球が相対的にずれて部分的に体積が膨張することになります。このことは、間隙の体積が増えることを意味しているわけですから、その増えた間隙を満たすための水か空気が必要になります。この現象をよく観察してみると、タイヤの周辺が一瞬白く乾いたように見えますが、体積が膨張した部分がこのようにしてその周囲から水

を奪うために、そこが乾いた状態になるのです。
　では、このことと強度増加とはどのように結びつけたらよいのでしょうか。実は、体積が膨張するときに周囲の水を吸い込もうとするのは、膨張した部分の間隙に非常に瞬間的に強い負圧が働くからなのです。周囲の水を吸い込むと同時に、周囲の砂の粒子をも引きつけるのです。これは、見かけ上、砂の粒子同士が引きつけあうということで、これが強度増加の原因になっているのです。
　ただし、この強度増加は、体積が膨張して負圧が働いているときだけ生ずるものですから、タイヤが通過してしまうと、強度はすぐもとにもどってしまうということを忘れないで下さい。

土の調査

土質調査とはどのようなことをするのですか？

　土木構造物は、いろいろな材料からできていますが、特に土からなる構造物のことを土構造物といいます。土砂を切り取り、運搬し、盛る、という工事により土構造物はつくられます。これらの工事を土工といい土木工事の基本となる部分です。土構造物は、現地盤を切り取って造成する切土と、基礎地盤の上に土砂などを盛り立ててつくる盛土に分けられます。たとえば、山間部の道路の新設工事では、山の斜面を切り取り、ほぐされた土を盛りたて、切土部分と盛土部分で道路をつくっていくことになります。盛土工事には、河川などの堤防、土地造成、道路盛土、鉄道盛土、フィルダム築造などの陸上工事があり、海上工事には、人工島や埋立てなどがあります。

　土構造物は、天然の土や岩が材料になるため、その性質を十分に調査する必要があります。土は地盤を形成し、地域や場所、気象、風化の過程などによって、その性質は大きく変化し、複雑で質的にもバラツキがあり一様ではありません。また、切土工事では地山の土はほぐされ、盛土工事では土は締め固められますが、それぞれの状態で土の性質は変化します。

　土質調査は、いろいろな条件下における土の分布や工学的性質を事前に把握することを目的としています。この調査で得られた情報は、土木構造物を安全で、なおかつ経済的に設計し、施工するための重要な指標となります。土は場所場所によってその性質は大きく異なり、築造する構造物の大きさや種類によっても、工事の進捗度合いによっ

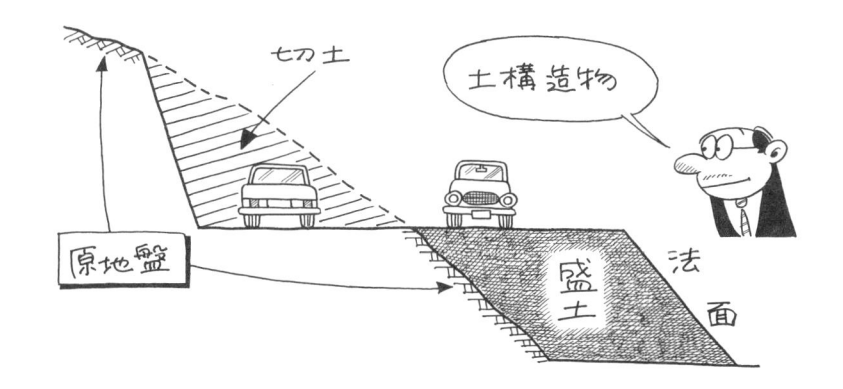

ても異なってきます。だからといって、すべての状態の情報を得ようとしても、それは現実的に不可能です。いずれにしても十分に調査を行い、直接的な方法とともに予測手法を用いた間接的な方法も取り入れながら、その全容を把握する努力をしていかなくてはなりません。

土質調査の代表的なものには、

① 既存の地形測量、航空写真などのデータや現地踏査により地表部分から推定する方法
② 地中に細い柱状の穴（ボーリング孔）をあけて土の試料を取り出して、その場所の正確な地層の構成する土質の種類、厚さや岩盤の位置などを得る方法（サンプリング）
③ ロッド（棒）の先端に付けた抵抗体を地中に挿入して、これに貫入・回転・引抜きなどの荷重かけて、その地盤抵抗値から土の状態を知る方法（サウンディング）
④ ダイナマイトなどで地中に弾性波を与え、その弾性波速度から地層の種類を判断する方法（弾性波探査）
⑤ 地中に電極を設置し電気を流して抵抗値を得て、地下水などの地質状況を推定する方法（電気探査）

などがあります。

地盤のボーリング調査から何がわかるのですか？

　ボーリングといってもボールを転がすスポーツのボーリングではありません。土質調査におけるボーリングは、ボーリング機械を使って、地中に穴をあけボーリング孔をつくり、そこから採取された土（乱さない試料：サンプリング）を調べ、地盤の地質構成を明らかにすることです。また、原位置試験のなかの標準貫入試験によるN値の測定や軟弱な粘土のせん断強さを求めるベーン試験（サウンディング）などもボーリング孔を使って試験します。原位置試験とは、土がもともとの位置にある状態で実施する試験の総称で、現場で土質を判定する場合に用いられます。

　地質構成の判定は、サンプリングによって採取された試料を観察することと、サウンディングによる試験結果などから総合的に判断する必要があります。また、ボーリング時の排水の色や掘削時のハンドルの感触なども考慮します。

　ボーリング機械は、一般にロータリー式ハンドフィード型が使用されています。この機械は軟弱地盤に適しています。ハンドルの感触により地層の変化やボーリング孔内の変化の状況を把握できる利点があります。ボーリング孔径は85〜150mmが基準になっています。ほかにも、岩盤掘削に使用するオイルフィード型や揚水試験のためのパーカッション式があります。

　土質調査のための通常のボーリング作業は、約20 ㎡（5m×4m）程度の面積と5m程度の高さが必要になります。また、この作業には

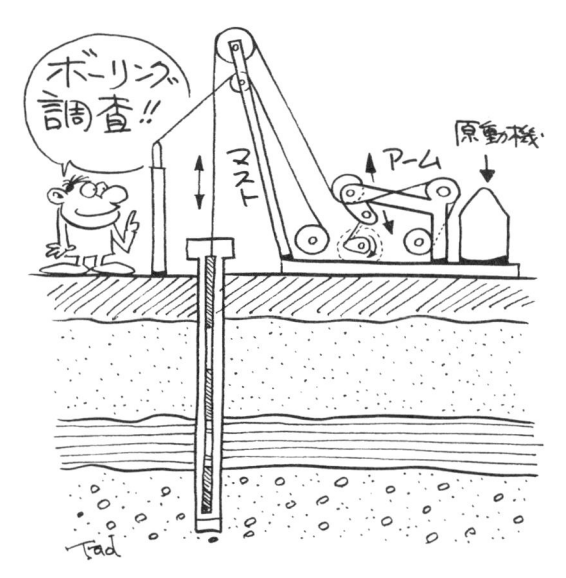

水の確保が不可欠で、泥水を循環させながら用いる場合でも、1日300〜400リットルの水が必要になります。泥水は、孔壁の保護やスライム（水により土が溶けて泥状のぬるぬるしたもの）の除去に役立つため使用されています。ボーリングによって得られる情報をまとめると、

① その地点の地質柱状図（地質名とその層厚を図に示したもので基礎の設計に必要）と土の観察結果
② 逸水（泥水が破砕層や亀裂から逃げること）と湧水の有無
③ 深度別の原位置試験結果
④ サンプリング
⑤ 地下水位

などになります。また、強固な支持地盤の確認もできます。

特にサンプリングは、土質試験（室内）に使う試料を乱さない状態で採取することが条件になります。サンプリングが不適当（試料の乱れ）であると、土質試験結果で強度を低下させるなど、実際の土の性質を反映したものでなくなります。

土質柱状図からどのようなことがわかるのですか？

　土質柱状図は、土質調査におけるボーリングから得られる鉛直方向の地盤情報を視覚的に図化したものです。したがって、サンプリングやサウンディングの結果が盛り込まれています。この柱状図からは、地層を構成する土質の種類とその層厚がすぐにわかりますが、一地点の情報でしかありません。工事予定地の地盤がどのような地盤であるか把握するためには、多数の柱状図から判断しなければなりません。地層は一様に分布していませんし、ボーリング地点から少し離れた場所でも、断層などの影響でまったく違う地層になっていることもあります。

　一般的な土質柱状図では、深度ごとのボーリング試料の観察記録と標準貫入試験の結果であるN値を折れ線グラフで示します。ボーリング試料観察記録には、深さ、層厚、標高、土質記号（統一記号・マークで図化）、土質名などが記入されます。また、コンシステンシーと相対密度も記号化され示します。

　したがって、土質柱状図からわかることは、深度別の
① 土質の構成状況（礫、砂、シルト、粘土の区別）
② 地下水位
③ N値の分布（標準貫入試験による打撃回数）
④ 圧密のおそれのある軟弱層（$N<4$）
⑤ 軟弱層の圧密での排水条件（礫層、砂層の存在）
⑥ 基礎の支持層の存在（砂質土で$N\geqq 30$、粘性土で$N\geqq 20$）

などで、地盤の様子が視覚的に判断しやすいように工夫がなされてい

標高(m)	深さ(m)	層厚(m)	土質記号	土質名	N値
-1.5	1.7	1.7		埋土	
-9.6	9.8	8.1		粘土(貝がら混じり)	
-11.9	12.1	2.3		砂	
				礫	

ます。

　土質柱状図のもう1つの役割は、土質縦横断面図を作成することです。柱状図は一地点の情報は豊富ですが、面的に広がった土木構造物では、数本から数十本のボーリングからの土質柱状図を連続させて地層の状況を把握する必要があります。

　土質縦横断面図は、多数の土質柱状図から作成されることになります。点のデータを面的に表すためには、多くの点データがあればよいのですが、現実的にコスト面からみると難しく、実際、点と点との間のデータは直線で結ぶ（線形補間：数字と数字の間が直線的であると考えて近似値を算出すること）という方法をとっていますが、問題点もあります。

　地盤情報は、不確実な情報が多いなかで判断しなければなりません。このような状況で、実際の地盤により近い情報を取りまとめることによって、安全で経済的な構造物の建設が可能となります。特に、土質断面図の作成には、土質工学や地質学の知識と経験をベースとした判断力が必要になってきます。

4　土の調査

室内で試験する土質試験には どんな種類がありますか？

　土を評価するには硬さ、軟らかさ、強さなど、いろいろな性質がありますが、これらの性質を客観的に数値で示さなければ工学領域では判断できません。土質試験は、土の性質を数値化する方法で、求める性質に応じて多種類の試験があります。設計の条件となる土質定数や工事中の施工管理に用いる品質管理などで土質試験結果が必要になります。

　品質管理の場合、これらの数値を品質特性といいます。盛土の品質管理では、含水比、乾燥密度、粒度、支持力値などが定められた試験・測定法（品質管理ではこれを作業標準という）で求めて、判断し、品質を管理していくことになります。

　土質試験（室内試験）は、土の判別や分類のための試験（物理試験）と、土の強度や変形などの力学的性質を求める試験（力学試験）に分けられます。土は土粒子、水、空気で構成されていることから、物理試験は、基本的にそれらの体積や質量を求める試験になります。乾燥密度、湿潤密度、間隙比、飽和度（密度試験、相対密度試験）、含水比（含水比試験）などが、この試験によって求められます。

　また、その他に土粒子の大きさ（粒径）の分布を示す粒度（粒度試験）や液性限界・塑性限界を求める（コンシステンシー試験）場合も物理試験になります。土のコンシステンシーとは、土の含水比によって土の状態が変化することや変形のしやすさの総称です。土が液体から塑性状態に移る境界の含水比が液性限界で、土が塑性体から半固体

状態に移る境界の含水比を塑性限界といいます。基礎や土構造物の設計において、構造物が沈下したり、転倒したり、滑ったりしないように安定性の検討を行うには、土の力学的性質を把握しなければなりません。その力学試験は、せん断試験、圧密試験、締固め試験、透水試験、CBR試験などがあります。

　せん断試験は、せん断強さ、せん断応力を測定する試験で、斜面の安定計算、地盤支持力や土圧などの検討に用いる内部摩擦角（ϕ）と粘着力（c）などを求める試験です。この試験のなかには、一面せん断試験（直接せん断型）、一軸圧縮試験（間接せん断型）、三軸圧縮試験があります。基本的には、土をある面をせん断（イメージ的には切ること）し、せん断された面上に働く、せん断応力とせん断強さを求める試験です。粘性土に荷重をかけると継続的な沈下が見られます。これを圧密沈下といいます。圧密試験は、粘性土の沈下量と沈下時間の関係（圧密特性）を測定する試験です。これにより圧縮指数（C_c）、圧密係数（C_v）を求め、沈下速度が算定できることになります。

　締固め試験は、土の含水比を変化させてランマーで突き固めたときの含水比と乾燥密度との関係から得られる締固め曲線より、施工に適した最大乾燥密度と最適含水比を求める試験です。

土の強さはどうやって測るのですか？

　土の強さは、土に力を加えたときの抵抗力になります。この抵抗力から強度を求める土質試験の代表的なものにせん断試験があります。したがって、土の強さは土のせん断強さで示されますが、具体的には土の強度定数である内部摩擦角（ϕ）と粘着力（c）を求めることになります。少し難しくなりますが、土のせん断破壊は、土粒子そのものの破壊ではなく、土粒子と土粒子の接点が移動することによって起こることとされています。破壊に抵抗するせん断抵抗は土粒子間のもので、この抵抗を摩擦抵抗と粘着抵抗に分けて考えることから、内部摩擦角ϕと粘着力cを求めることが、土の強さを測ることになるわけです。せん断強さは、土圧、地盤の支持力、斜面安定などの安定解析や地盤の変形解析に利用されます。

　せん断試験では、排水条件によっては内部摩擦角ϕと粘着力cは異なった値を示す場合があるため、現場の条件から試験に適した土質と排水条件で行わなければなりません。

　せん断試験には、一面せん断試験、一軸圧縮試験、三軸圧縮試験があります。

　一面せん断試験は、土の供試体の決まったせん断面上の強さを直接測定する方法で、基礎や斜面などの安定計算に用いられます。この試験は、せん断箱と呼ばれる容器の中に供試体を収め、鉛直方向の軸力（σ）を載荷した状態で、せん断箱を左右に移動させ、供試体にせん断力（τ）を加えて行います。そのときのτとσの関係を縦軸にτ、横

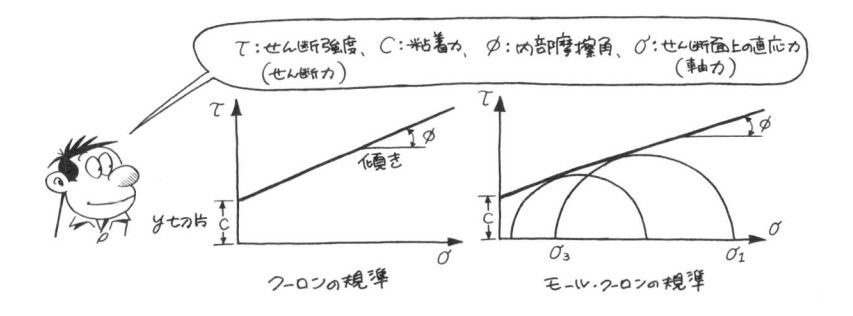

軸にσをとりプロットし、回帰直線（$\tau = c + \sigma \tan\phi$）を求めたときの$\tan\phi$が直線の傾きで、$c$が$y$切片になり、内部摩擦角$\phi$と粘着力$c$を求めることができます。

　一軸圧縮試験は、粘性土を円筒形して供試体をつくり、鉛直方向（一軸）に圧縮力を作用させ、せん断強さを求める試験です。粘性土地盤の安定計算に用いられます。この試験法では、内部摩擦力を見ることができないため、粘着力のみで抵抗する粘性土に適した試験で、逆に、砂質土のような土粒子間に粘着力のない土では試験を行うことができません。

　三軸圧縮試験は、広く用いられている試験で、供試体が地中で受けている応力に近い状態で試験を行うことができます。試験機の三軸圧力室で水圧により側方圧をかけ、さらに上下に圧縮し、円形供試体をせん断破壊させる試験です。その試験結果からグラフにモールの応力円を描き、これから得られる直線式よりcとϕを求めます。

　この試験は、供試体の上下に供試体内の水の出入りを制御できることから、間隙中の水の排水条件を変えることができる利点があります。

土の透水係数の測定は
どのように行われるのですか？

　小さい頃、波打ち際の砂浜で、穴を掘って遊んだことを思い出してください。穴を掘っていくと、しだいにどこからともなく水が穴の底に溜まってきませんでしたか。土木工事でも、地盤を掘削するときの湧水は、工事の進捗に影響を及ぼします。湧水の排水計画、井戸からの湧水量、ダムや堤防からの漏水などの土を扱う工事では、地盤中の水の流れ方を把握しておかなければなりません。

　土が、どの程度、水を通しやすいかの度合いを透水性といいます。簡単に考えると、土粒子と土粒子の間のすき間（間隙）が大きければ、水は流れやすくなるといえます。少し難しくなりますが、土は有孔物質ですので、透水性があることになります。土の中の水の移動は、ポテンシャル差によって起こります。ポテンシャル差とは、水理学で出てくるベルヌーイの定理の水頭差（全水頭＝圧力水頭＋位置水頭＋速度水頭）で示されますが、簡単にいうと水位差になります。

　土の透水性は、ダルシーの法則で巨視的には説明できます。ダルシー（Darcy：1856年）は、浸透流速（v）は動水勾配（i）に比例（$v = k \cdot i$）、浸透流量（Q）はiと土の透水断面積（A）に比例（$Q = k \cdot i \cdot A$）するという土中の浸透法則を上水道のろ過砂の実験から発見しました。ここで示された比例定数（k）が透水係数ということになります。単位は速さの次元でcm/sを用います。

　土質別の具体的な透水係数の数値は、礫で$k = 1 \sim 10$ cm/s、砂で$k = 0.1 \sim 0.001$ cm/s、シルトや粘土で$k = 0.0001 \sim 0.0000001$ cm/s程

度で、速度の単位ですので値が小さくなるほど水を通しにくいといえます。透水係数からもわかるように、粘土は不透水性の高い土質になります。アースダムのコア材料に粘土を用いる理由がわかると思います。

　透水係数を測定するには、室内試験と現場試験がありますが、現場試験のほうが自然のままの地盤でできるため、信頼性の高い透水係数が測定できます。この試験法を現場透水試験といいます。この試験は地盤に1本の井戸と2本以上の観測井を掘削し、井戸の水が観測井に浸透する状況を測定するもので、井戸から水を汲み上げて観測井の地下水の変動を観測する方法（揚水試験）、井戸に一定水圧の水を注入して流入量を測定する方法、井戸の水位を低下させて水位の回復を観測する方法があります。

　これらの現場透水試験は、掘削工事の地下水の低下、切土工事の湧水、排水工法の選定などに用いられています。

地下水は土の中をどのように流れているのですか？

　地層中の間隙を満たして存在している水が地下水です。地下水面より下は地層が水で飽和されているので飽和層、上は水で飽和されず空気も存在するので通気層といいます。地下水面の深さは、場所によって地表すれすれから1000mまたはそれ以深まで変化します。わが国では、地下水面の深さは5m前後が普通で、20mを超える場合はまれです。

　平野部や沖積谷によく分布する未固結の砂層や礫層、固結した砂岩、溶穴の発達した石灰岩、割れ目のよく発達した火山岩など、十分な量の地下水を伝達できる、透水性のよい地層を帯水層といいます。逆に、粘土層、シルト層、緻密な堆積岩などは透水性が低く、透水性の程度に応じて、不透水層、難透水層、半透水層などに分けられます。これらの地層が帯水層の上部に位置している場合、その下の帯水層の水にふたをした形になるので、それらを加圧層とよびます。このため、地下水には、大気圧と同じ圧力を受けていて、普通の地下水面を持つ自由地下水と、このような加圧層の下にあって大気圧以上に加圧されている被圧地下水に分けることができます。

　右上図は、2つの帯水層を模式的に示したものです。上にある帯水層Aは自由水層で地下水面がありますが、帯水層Bは被圧帯水層で、地下水面を持ちません。このような被圧帯水層中に、加圧層を破って井戸を掘ると、その水位は、一般に上部加圧層の底面より高いところになりますが、この水位をつないだ仮想的な面を被圧水頭面と呼びま

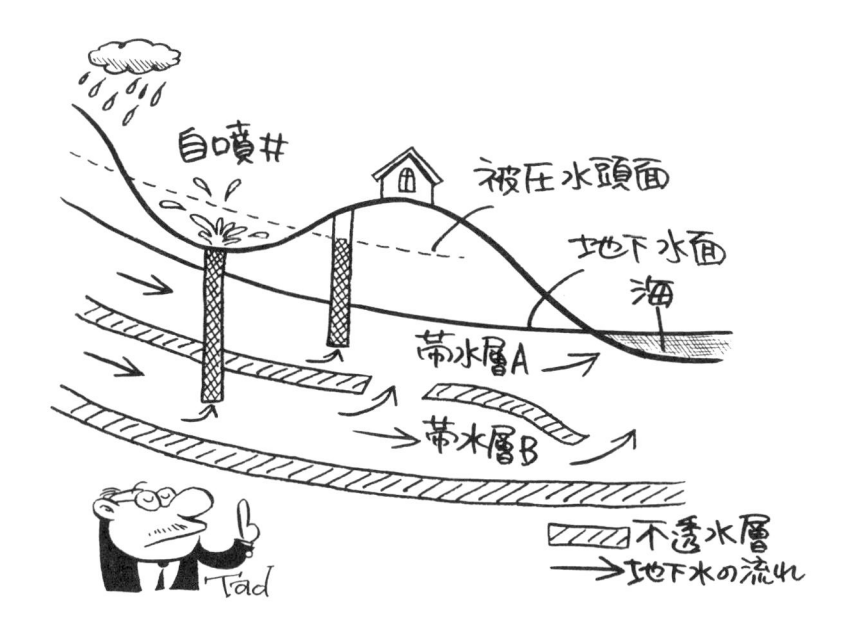

す。被圧水頭面は地表面より上になることがあり、このようなときは地下水は井戸から自然にあふれ出して自噴井となります。自噴井のみられる地域を自噴帯、その大規模なものを鑽井盆地といいます。鑽井盆地は単斜構造や盆状構造の地域で典型的にみられ、オーストラリアの大鑽井盆地（グレート・アーテジアン・ベイスン）はその好例です。

　土中の地下水は、物理的圧力の高いところから低いところへ流れます。上図の帯水層Bの地下水の流れを見ると、ある地点までは位置の高低差による圧力の流れですが、上にある不透水層が切れる場所や半透水層となる場所では密度の高低差により流れが変わります。

　このように、地下水の流れは一様ではなく、圧力に左右されながら、水の通りやすい地盤を流れていることがわかります。

4　土の調査

圧密沈下量はどのように予測するのですか？

　土は剛体ではないので、荷重が加わると硬い地盤であっても沈下し変形が生じます。また、沈下のしかたは地盤の種類によって異なってきます。砂質地盤では、力が加わった直後の短時間で、最終沈下量のほとんどの沈下が生じてしまいます。粘土地盤では、力を加えた直後にはあまり沈下しませんが、時間が経つにつれて沈下が進行し、この沈下が長く継続します。

　この現象を圧密現象と呼んでいますが、この研究に興味をもって理論展開したのが、有名なテルツァギー（Terzaghi：1924年）の圧密理論で、現在まで圧密・地盤理論の基礎になっています。

　土木工事では、地盤の圧密沈下はいろいろな場面で影響が出てきます。最終沈下量（もうこれ以上は沈下しない状態）や沈下時間を知る（予測）ことは、健全な構造物を施工するうえで非常に重要になってきます。現地盤に構造物を施工した場合の沈下量と沈下時間が予測できれば、地盤に対して沈下させないための対策工を施すことが可能です。沈下時間が長くかかるのであれば、圧密沈下を促進させる対策工を取ることができます。

　粘土層の圧密沈下量の予測は、圧密試験の結果から各荷重における最終沈下量から間隙比（e）を求め、各圧密荷重（圧密圧力）（p）と間隙比eのグラフ（$e-\log p$曲線）を作成します。この曲線を圧縮曲線といいます。圧縮曲線の直線部分を正規圧密領域といいますが、この直線の傾きが圧縮指数（C_c）になり、この指数を用いた計算式から

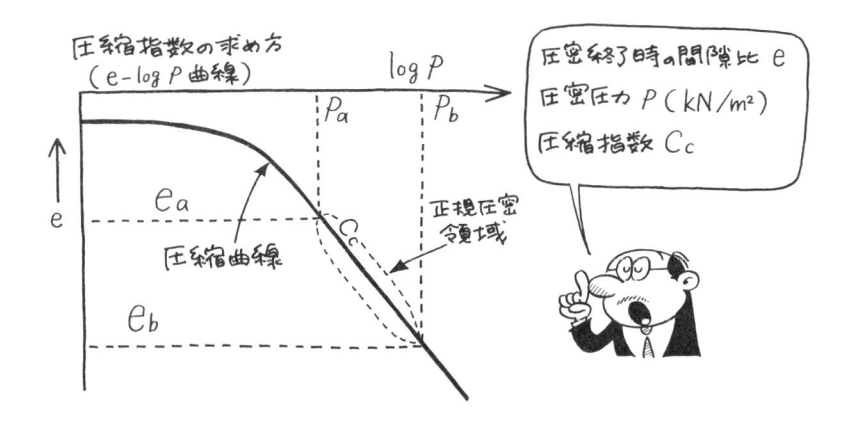

圧密沈下量の推定ができます。

　圧密沈下には、排水（間隙水圧の消失）による沈下を一次圧密といい、その後に生じる土粒子の骨格構造の再配置による圧密を二次圧密（クリープ）といいます。前述した圧縮指数C_cから求める沈下量は一次圧密の沈下量になります。これらの沈下量の計算は、テルツァギー圧密理論に基づいています。実際には、沈下予測は二次圧密（クリープ沈下）を除外した解析が通常行われています。

　ここで、関西国際空港の事例を見てみます。この空港は海に人工島をつくり、島の上に空港施設を整備し、早期に開港しなければならないという条件のもとでの大工事でした。人工島の下の地盤は厚い海成粘土地盤で、最終圧密沈下量は10mを超えて、開港後も沈下が継続するだろうと当初から予測されていました。そのため、徹底的な圧密促進の対策工を施し、空港ターミナルビルなどでは、地盤が等しく沈下しないこと（不等沈下）から、それぞれの柱に地盤が沈下した分だけジャッキアップさせることのできるシステムを導入し、現在でもいろいろな角度から圧密沈下に挑戦しているそうです。

地盤の状況を調べるサウンディング調査とはどんな方法で行うのですか?

　地盤の上や地盤を掘って大きな構造物を建設するためには、その地盤がどのくらいの重さに耐えられるか、大きく変形しないかどうかなど知る必要があります。地盤を調査する方法には、ボーリング調査、現場で行う原位置試験、地盤から試料を採取して室内で行う室内試験、物理検査や探査、載荷試験などがあります。その中でも、原位置試験はその地盤の状態を直接知ることができる確実な方法の1つとされ、サウンディングはその代表的な試験法です。

　地盤に棒を押し込むことを考えてみましょう。地盤が硬く強いほど棒を押し込むには大きな力がいることは想像できます。そこで、棒の形や押し込む方法、抵抗力の測定法などを標準化し、いろいろな地盤の硬さや強さを比較できるようにしたものがサウンディングです。このような試験法にはいくつかの種類があるので、それらを紹介しましょう。

　わが国で最も普及しているサウンディングとしては、標準貫入法試験があります。この試験はボーリングと一緒に実施され、原地盤の深さごとの相対的な強さを知ると同時に、土の試料を採取できます。棒(ロッド)の先端に試料を採取するためのサンプラーと呼ばれる円筒形の筒を取り付けます。その棒をボーリングした穴に挿入してサンプラーを穴底に設置し、質量63.5kgのハンマーを高さ75cmから自由落下させて、そのサンプラーを打ち込んでいきます。30cm打ち込むのに要するハンマーの落下回数をN値と呼びます。このような試験を地

盤の深さごとに繰り返して、それぞれの深さにN値を求めます。N値が大きいほどその深さの地盤は硬く強いといえます。およその標準としては、N値が30以上であれば締まった地盤、5以下は軟弱な地盤とみなせます。また、このN値や採取した試料での試験結果から土の力学的な性質を求めて設計計算に用いることもできます。

　オランダ式二重管コーン貫入試験は、軟弱な粘性地盤に用いられます。コーンと呼ばれる円錐形の先端部をロッドの先に取り付け、一定の速度で5cm押し込んだときの抵抗力を測定するものです。先端部以外の側面と地盤の摩擦力をなくすために、筒が二重になっているのが特徴です。

　スウェーデン式サウンディング試験はもう少し硬めの粘性土や砂質土に使用できます。この試験ではロッド先端にスクリューポイントと呼ぶねじのようなものを取り付けます。まずロッド後端の重りによってスクリューポイントを沈下させ、その沈み具合を測定します。その後、1kN載荷したままでスクリューポイントを回転させながら一定量貫入させ、そのときの回転数を数えます。

4　土の調査

岩の硬さはどうやって測るのですか？

　岩は岩石とも呼ばれ、その種類は生成過程から大別すると火成岩、堆積岩、変成岩の3つに分類できます。火成岩は地下のマグマが冷えて固まったもので、堆積岩は海、川、湖などに土砂が堆積したものが固まったものです。火成岩や堆積岩が熱や圧力を受けて変化したものが変成岩です。岩石は、建設工事の材料である石材として用いられたり、岩が集まって岩盤の基礎として利用されています。

　このような岩石を建設工事に用いるためには、材料や基礎としての一定の強さや硬さ、耐久性などの品質が岩石自身に求められます。岩石や岩盤は固結した地質であり、コンクリートよりも強度が大きくなります。ただし、長い間、風化、浸食などによって不均一で、部分的に劣化していることがあります。すなわち、節理、亀裂、断層、破砕体などの不連続な部分が形成されているため、その挙動は複雑で品質に大きなばらつきがあることに注意する必要があります。

　岩石は加工されて石垣やエジプトのピラミッドのような石積みに使われてきました。この場合の岩石個々の力学的特性が重要です。そのような力学特性である変形特性（弾性係数）、強度、硬さなどは室内試験によって求めます。硬さについては、硬さのわかっている人工物を岩石の表面に押し込んだり（ビッカース硬度）、引っかいたり（モース硬度）して相対的に評価します。

　岩石を砕いて、セメントコンクリート、アスファルト混合物の骨材、ダムや路盤の粒状材料として用いられることもあります。この場合の

岩石の集合体としての力学特性が重要になり、岩石個々の性質だけでなく、岩石の詰まり具合やセメントやアスファルトとの相性などが問題になります。特にセメントコンクリートに用いる場合、シリカ鉱物の多い岩石はアルカリ骨材反応を起こすため使用できません。
　トンネル工事などの岩盤を扱う工事では、その現場の岩盤の特性を正確に判断しておくことが重要です。国土交通省では、掘削工事の施工効率によって軟岩Ⅰ・Ⅱ、中硬岩、硬岩Ⅰ・Ⅱに分類しています。軟岩はリッパと呼ばれるかぎ爪のような掘削装置で削り取ることができ、このようなリッパによる削りやすさをリッパビリティといいます。一方、硬岩では発破による掘削のほうが効率的であるとされています。岩盤の特性を現場で把握する方法としては、ボーリング調査や弾性波探査などがあります。ボーリング調査では、取り出したサンプルから岩石の性質や強度などの情報を得ることができます。弾性波探査では、弾性波速度を計測することによって、弾性係数の値や亀裂などの不連続部分の位置を知ることができます。この弾性係数の値によってリッパビリティをおおよそ判断することができます。

粘土の粒径はどうやって測るのですか？

　土は、さまざまな大きさや形の粒子から成り立っており、そのことが土の性質や振舞いを複雑にしています。特に粒子の大きさは、土や地盤の強さや変形のしやすさなど、力学的な性質に深く関連しています。このようなことから、土の粒子の大きさやその分布（どのくらいの大きさの粒子がどのくらい含まれているか）を知ることは工学的に非常に大切なことなのです。

　さて、土の粒子を見てみればわかりますが、すべてがきれいな丸い形をしているわけではありません。むしろ丸いものはまれで、形が扁平だったり、角ばった多角形だったりします。そこで土の粒子の大きさの尺度として粒径が使われます。ただし、土の粒径を1粒ずつ測っていくのは大変なので、ふるいを使います。いろいろな目の寸法を持ったふるいを用意し、土の固まりを大きなふるい目から順番にふるっていきます。それぞれのふるい目に残った土の粒径は、その1つ前のふるい目の大きさと、今のふるい目の大きさの間にあることになります。このようにすると、土の粒径の範囲ごとにどのくらいの粒子が含まれているがわかります。これをふるい分け試験といい、それぞれの粒径の範囲ごとの粒子の質量割合を粒度といいます。ある土の粒度がわかると、その土が砂質土であるか粘性土であるかなどの工学的分類法ができるので、土の基本的な性質を知ることができます。

　しかし、このようなふるい分け試験は非常に細かい粒子（0.075mm以下）については使えません。そのような細かなふるいを作成するこ

とができないからです。そこで非常にうまい方法が考え出されました。それは水を使う方法です。

　一般に粒子が水の中に沈んでいくとき、粒子の重さと水の粘性抵抗が釣り合って一定の速度で沈んでいきます。これを「ストークスの法則」といいます。計算してみると、土の密度が同じであればその速さは粒径が大きいほど速くなります。すなわち、細かな土の粒子を水に混ぜておくと粒径の大きいものほど速く沈下していくので、上澄み液の密度が時間とともに変化します。この変化を計測することによって、間接的にどのくらいの粒径の粒子がどれだけ存在するかを知ることができます。このような試験を沈降試験といいます。ただし、ストークスの法則は完全な球形に対して導かれたものなので、厳密にいうと沈降試験でわかる粒度は土の粒子が球形であった場合のものです。

　ちなみに、地盤工学会では、土粒子の粒径によって土を分類しています。粒径75 mm以上のものを岩質材料、それ以下を土質材料と大別します。さらに、土質材料は礫（2〜75 mm）、砂（0.075〜2 mm）、シルト（0.05〜0.0075 mm）、粘土（0.005 mm以下）に分類されています。

5

土の工学

土の強さを示す、せん断強さについて教えてください。

　図書館などで、隙間なくビッシリと本が並んだ本棚から1冊の本を抜き取ろうとしてなかなか抜けなかった経験をもつ読者は多いと思います。これは、抜き取ろうとする本が周辺から拘束されるとともに、隣接する本同士の摩擦による抵抗や、本のビニール表紙同士の付着による抵抗が発生するためです。このような現象は、土の内部においても発生します。例えば、地盤上に重い構造物を設置して地盤に圧縮方向の力を作用させた場合、地盤内部のある平面に沿って土をずらそうとするせん断応力が発生します。このせん断応力に対して、地盤内部ではせん断抵抗が発生しますが、せん断応力がせん断抵抗の最大値、いわゆるせん断強さを超えたときに破壊が生じます。土のせん断破壊は、土粒子自身の破壊によるものではなく、土粒子同士の接触点の相対的な移動、つまりそれまで接触していた土粒子同士が破壊面に沿って引き離されることによって生じるものです。なお、土のせん断強さ τ は、一般的に以下のクーロンの破壊規準あるいは単純にクーロン式と呼ばれている一次式で表すことができます。

$$\tau = c + \sigma \cdot \tan\phi$$

　ここで、c は粘着力、ϕ は内部摩擦角もしくはせん断抵抗角、σ は破壊面上に作用する垂直応力です。前述した本棚の例になぞると、c はビニール表紙同士の付着抵抗に相当し、土ではセメンテーションと呼ばれる化学的作用（特に粘性土）や吸着水による土粒子の結合などによって生じるもので、拘束条件に依存しないものです。また、$\sigma \cdot$

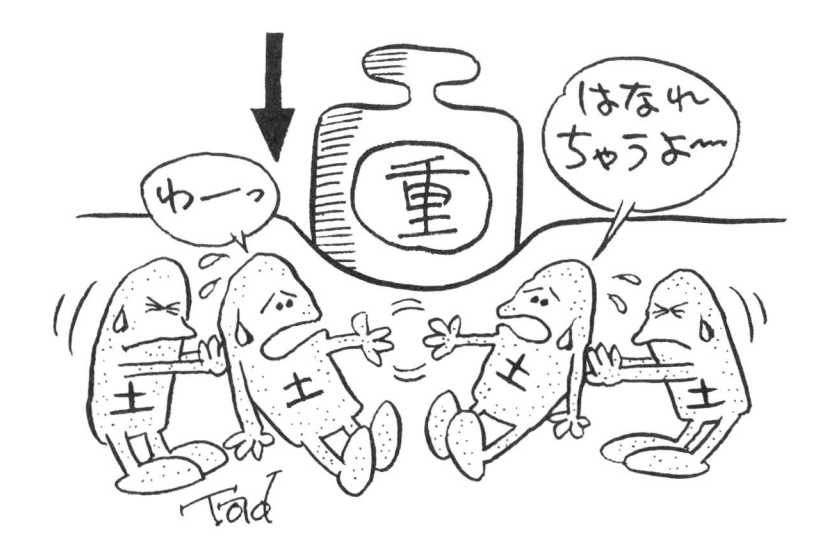

$\tan\phi$ は本同士の摩擦抵抗に相当し、土の場合では砂や礫といった粗い土粒子同士のかみ合わせをイメージするとわかりやすいでしょう。

　土の粘着力や内部摩擦角は、土の種類によって異なるので、せん断試験から求めることは言うまでもありませんが、同じ土であっても、せん断試験の条件によって値が変化します。

　せん断試験は、工事現場の状態に近い条件で実施します。例えば飽和した粘土地盤上に急速に盛土した場合、粘土地盤のせん断破壊の可能性について検討するには、盛土による圧密作用を受けていない非圧密非排水（UU）という条件でせん断試験を行うことになります。この条件で飽和粘土の粘着力と内部摩擦角を求めると、破壊規準は $\phi = 0°$、つまり傾きをもたない線となるのです。

　このように、土のせん断強さは土の種類だけでなく、さまざまな現場条件によって異なってくるのです。

土のコンシステンシーとは何のことですか？

　土は、含まれている水分の量が多いか少ないかで液体に近い泥水のような状態から、硬い固体のような状態に変化し、このことは特に粒子の細かい粘性土で顕著です。

　すなわち、含水量が大きいときはドロドロの液状の性質を示し、小さくなるにつれて、すなわち乾いていくにつれて、ネバネバした塑性体となり、さらにボロボロの半固体になって、最後にはカラカラに乾燥したカチカチの固体になります。

　ところが、この液状から塑性体へ、塑性体から半固体へという状態の変化は連続的に変化をしていて、ここから先が塑性体であるというような、氷が水になるような明確な境界があるわけではありません。しかも土が変わればこのような状態変化をもたらす含水比が違うのは経験的にも明らかなことです。

　このように、土は含水比の変化に伴って硬さが変わり、外力による変形のしやすさも変化します。地盤工学では、土の変形のしやすさの程度を「コンシステンシー」という言葉で呼んでいます。そして、ある決められた方法によって、液状、塑性体、半固体および固体の各限界を、それぞれ液性限界、塑性限界および収縮限界と呼び、これらを総称して、コンシステンシー限界、あるいは創始者の名前をとってアッターベルグ限界と呼んでいます。

　液性限界と塑性限界の差は、塑性指数と呼ばれています。一般的に、自然状態の土の含水比は、液性限界と塑性限界の間にあるといわれて

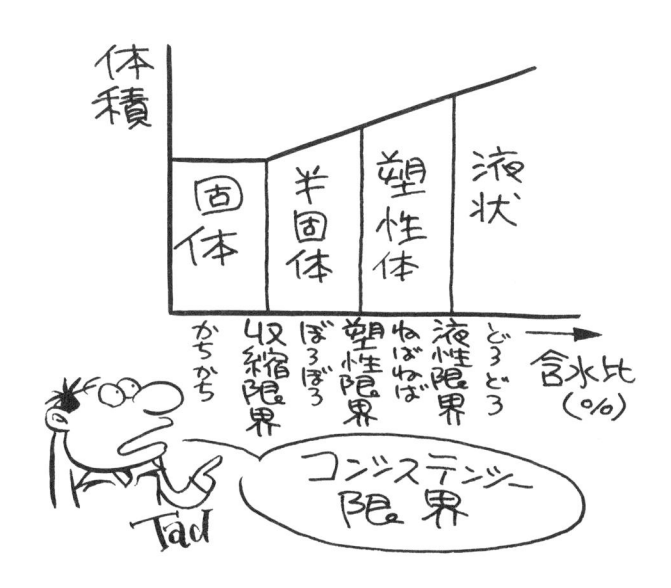

おり、塑性指数が大きいほど塑性状態でいられる含水比の幅が広く、自然状態からの含水比変化に対して安定しています。

裏を返せば、粒子の水分保有力が小さい土では、塑性指数が小さいため、少しの含水比の変化でも液状や半固体になってしまうことがわかり、土の水分変化に対する安定性を把握するうえで非常に重要な指標となっています。

液性限界と塑性限界は、土が砂質になると測定できなくなってきますが、これらの測定ができない土は塑性のない土として、NPと表記されます。

土の密度と水分はどういう関係にありますか？

　密度とは、ある量が空間上あるいは面、線上にどの程度分布しているかを示すものです。地盤工学で扱う密度とは、単位体積当たりの質量（kg/m³やg/cm³）のことで、一般にρ（ロー）というギリシア文字で表記されます。

　土は土粒子と間隙から構成されています。一般に間隙には空気と水が存在していますが、間隙が水で満たされている状態の土を飽和土、水分がない場合は乾燥土、空気と水分の両方が存在する場合は不飽和土といいます。水の密度が約1.0g/cm³であるのに対し、土粒子の密度は2.5〜2.8g/cm³ですので、土の密度は一定体積内に含まれる土粒子の量が多くなるほど高くなります。また、同じ土粒子量であれば水分が増えるほど、つまり含水比が高くなるほど土の密度は増加します。

　いま体積Vの湿潤した土（不飽和土）を乾燥炉に入れて乾燥させたとしましょう。乾燥前の土の質量をm、乾燥後（土粒子）の質量をm_sとし、乾燥前後で体積変化はしないとすると、土の湿潤密度ρ_t、乾燥密度ρ_dおよび含水比wは以下のようになります。

$$\rho_t = \frac{m}{V}, \quad \rho_d = \frac{m_s}{V}, \quad w = \frac{m-m_s}{m_s} \times 100 = \frac{m_w}{m_s} \times 100$$

　これらの物理量のうち、乾燥密度は一定体積内に含まれる土粒子の量に直接的に比例して大きくなることがわかります。一定体積内の土粒子量が多くなると、間隙が小さくなって固くなります。つまり、外力に対して安定した強い土になります。そのため、建設工事ではロー

ラなどを使って土を締め固めるのですが、このとき、土の密度変化を把握するのに最も都合のよい物理量が、一定体積内の土粒子量を直接的に評価できる乾燥密度なのです。また、上述した3つの物理量の相互関係を求めると、以下のようになります。

$$\rho_t = \frac{m}{V} = \frac{m_s + m_w}{V} = \rho_d + \frac{m_s \cdot w/100}{V} = \rho_d\left(1 + \frac{w}{100}\right)$$

このように、土の密度と水分は密接に関係しており、土の湿潤密度と含水比がわかれば、乾燥密度を容易に算出できるのです。建設現場で土の密度を測定するのに、かつては穴を掘って密度が既知の乾燥砂を入れ、穴の体積を求める砂置換法と呼ばれる方法が用いられていました。そして、現場で採取した土を持ち帰って質量と含水比を測定することで乾燥密度を求めていました。しかし、現在では微少なRI（ラジオアイソトープ）を用いて迅速に湿潤密度と含水比を測定できる機器が開発され、現場での土の密度管理に用いられています。

5　土の工学

土の締固めといいますが、土を締め固めると本当に強くなるのですか？

　土を締め固めると、固く安定した状態になるということは古くから知られていました。例えば、天平時代に行基による改修が行われたことで有名な狭山池（大阪府）は、大和川水系の河川を堰き止めてつくった日本最古のダム式のため池で、堤体は粘土を締め固めて構築されました。現在ではローラやタンパーなどの機械を用いて締固めを行いますが、このような機械が開発される以前では石を落下させたり、「タコ」と呼ばれる丸太棒を使って（手突きランマーのイメージ）締め固める方法などがとられていました。

　土は土粒子の骨格と骨格のすき間（間隙）を埋める水と空気から構成されていて、間隙が小さいほど密度が高く、土粒子同士の接触力が強くなるために土粒子の移動が生じにくくなります。そのため、間隙が小さくなるほど変形しにくい（固い）状態となり、外力に対して安定しています。また、土は間隙が小さくなることで水を通しにくくなります。固くて水通しの悪い土は、農産物を生育するには好ましくはありませんが、建設材料としてみた場合には良好なものであるといえます。

　土の締固めは、このような考え方に立脚し、土に力を加えて強制的に中の空気を追い出して間隙を小さく密な状態にすることで、建設材料として必要な土の強度や支持力、透水性などの性質を向上させるために行われます。しかし、締固めによって土中の空気を追い出しても、土中に含まれる水の量が多すぎると、間隙に水分が残ってしまい土の

密度は増加しません。そのため、与えた締固めエネルギーによる効果を最大にする、つまり最大の密度を得るようにするためには、水分の量（含水比）を調整する必要があります。なお、関東ロームなどの高含水比の粘性土では、過度な締固めエネルギーを与えると強度が低下する場合がありますので注意を払わなければなりません。

　このように、土を締め固めるためにはやみくもにエネルギーを費せばよいというわけではありません。このような土の締固めに関する力学的な考え方は、1930年代以降に研究され始めたといわれていますが、大昔の土木技術者は土の締固め特性をまったく考えなかったのでしょうか？　答えは"ノー"です。

　前述した狭山池の堤体は、敷葉工法と呼ばれる方法でつくられていたことがわかっています。これは、締め固めた粘土の上に木の葉を敷くという工程を繰り返すもので、木の葉が排水材の役割を果たして粘土中の余剰水が排出され、力学的に安定した堤体を築くことができたといわれています。実に理にかなった工法であるといえるでしょう。

土の締固め特性と水分はどのような関係があるのですか？

　土の締固めとは、機械的方法によって土を圧縮し土中の空気間隙を減少させて土の密度を増加させることですが、密度を増加させるためには、土に含まれる水分が重要な役割を果たします。

　土の締固めの原理を見い出したP.R. Proctorは、締固めによる土の密度と水分量（含水比）の関係について、「一定の土を一定の方法で締め固めたとき、最大乾燥密度を与えるような含水比が実験的に決定される」と述べています。つまり、ある土質材料を一定のエネルギーで締め固めた場合、含水比が増えるに従って単位体積当たりに占める土粒子の密度（乾燥密度）は増加するとともに、ある含水比のときに最大値を示し、その後さらに含水比が増えると乾燥密度は低下する、というものです。なお、含水比と乾燥密度の関係から得られるうえに凸の曲線を締固め曲線、最大乾燥密度（ρ_{dmax}）が得られるときの含水比を最適含水比（w_{opt}）といい、最適含水比は土の締固めを行う際の水分量の目標値となります。

　それでは、土を締め固めるときに水がどのような働きをしているかを考えてみましょう。

　乾燥している土粒子は、粒子間の摩擦が大きいために、摩擦抵抗により締固めエネルギーが消散してしまい、十分な密度が得られません。一方、土に水を加えることで土粒子表面に水の膜ができると、水が潤滑油の役割を果たすため、土粒子の移動が容易になります。その結果、締固めエネルギーが効率的に作用するようになり、最適含水比になる

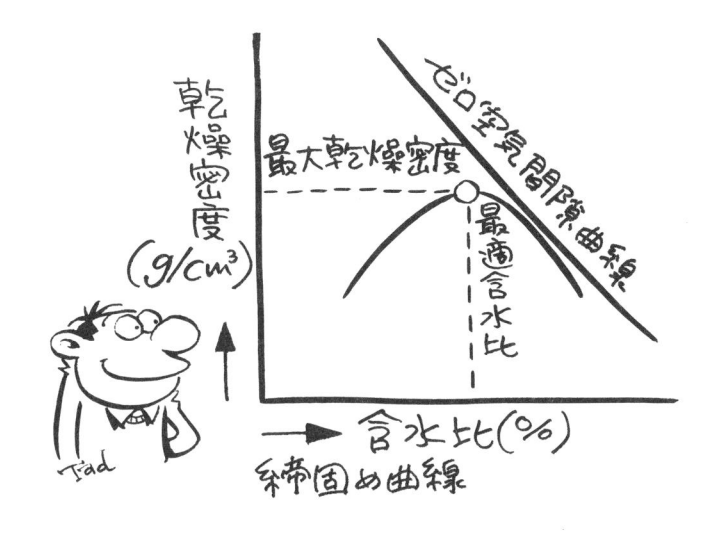

まで土の密度は増加していきます。しかし、さらに含水比が増加すると土塊の間隙に占める水分の量は多くなりますが、水と土粒子は非圧縮性の材料ですので、間隙中の余剰水は締固めエネルギーに反発するようになり、土の密度は増加しなくなります。

　このような土の水分変化による締固め状態の変化を把握するために、「突固めによる土の締固め試験（JIS A 1210）」という室内実験が行われますが、この試験ではランマという器具を用いて土を突き固めます。この締固め方法は発案者の名をとってProctor法と呼ばれています。なお、ランマは2.5kgか4.5kgのものを用いることになっていて、2.5kgランマを用いた場合には締固めエネルギーは約550kJ/m^3、4.5kgの場合には約2500kJ/m^{3}となり、道路施工を例にとると前者は路体や路床の、後者は路盤の締固め密度の管理基準を求めるときに利用します。また、締め固まった土がどの程度の状態になっているかを把握するために、締固め曲線には「ゼロ空気間隙曲線」という理論上の最大密度を示す曲線を必ず書き添えることになっています。

粘土や砂を分類するにはどんな方法がありますか？

　岩石や土などの地盤材料は、以下のように粒子の大きさによって石〜粘土まで分けられています。
- 石　　　：粒子径　75mm以上
- 礫　　　：粒子径　2mm以上、75mm未満
- 砂　　　：粒子径　75μm以上、2mm未満
- シルト：粒子径　5μm以上、75μm未満
- 粘　土：粒子径　5mm未満

　土（土質材料）とは石分がまったく含まれていないものを指します。また、一般的に土にはさまざまな大きさの粒子が入り混じっていて、粘土が多く含まれている土と砂や礫が多く含まれている土では工学的性質が異なってきます。

　建設工事を行うにあたって、地盤材料の建設材料としての適否や工学的性質をあらかじめ知っておくことは重要です。地盤材料の透水性や強度などの性質を調べるためには数多くの土質試験を行わなければなりませんが、簡単な物理試験結果と蓄積された統計データからその地盤材料の性質を把握することができれば、設計や施工計画を立案するのに非常に役に立ちます。このように、簡単な物理試験結果を基に土を分類する方法を「工学的分類法（p.7参照）」といいます。

　工学的分類法では、土に含まれるさまざまな大きさの粒子の含有割合を求めるために「土の粒度試験方法（JIS A 1204）」という土質試験を行います。これによって、粒径加積曲線という粒度を表す曲線が

得られます。礫や砂のように粒子径の大きなものが卓越する場合には、粒径加積曲線の形によって粒子同士のかみ合わせの良否、つまり締固め効果が得られるか否かを知ることができます。

　一方、粘土分やシルト分などの細粒土は、粒度が類似していても水分変化によって土の安定性が異なる場合があります。そのため、粘土分やシルト分については、水分量による流動や変形に対する抵抗の大小、いわゆるコンシステンシーによって土の安定性を評価しています。具体的には、「土の液性限界・塑性限界試験方法（JIS A 1205）」の測定結果（コンシステンシー限界）を横軸に液性限界、縦軸に塑性指数をとった塑性図上にプロットして分類しています。ただし、関東ロームに代表される火山灰質粘性土は、岩石が風化してできた粘性土とは異なる性質を有しているため、別枠で分類することになっています。また、有機質土も同様に別枠が設けられています。

5　土の工学

空隙と間隙はどう違うのですか？

　日常生活では、人混みのすき間を狙って進む様子を「(人混みの)間隙を縫って進む」と言い、心にぽっかりと穴が空いたようなときには、「心に空隙が生じる」という言い方をします。また、空隙率や間隙比、間隙率などの物理指標があるように、土木分野においても"空隙"や"間隙"という言葉をよく使います。では、空隙と間隙にはどのような違いがあるのでしょうか？

　土木学会の『土木用語大辞典』によると、「間隙とは粒状や層状に集合した材料などの中にあるすき間である」としています。これを土に当てはめて考えてみると、土は一般的に土粒子(固体)と空気(気体)と水(液体)から構成されており、気体と液体の占める部分をあわせて間隙と呼んでいることからわかるように、間隙は土粒子のすき間であることがわかります。

　一方、「空隙は材料母材内に存在する母材の微小欠損部分である」と『土木用語大辞典』には記載されています。これについては、コンクリート内部のエントラップトエア(練混ぜの際に自然に混入された空気の泡)を想像していただければよいでしょう。しかし、ここで1つ問題が生じます。近年、三面張りコンクリート水路や河川の多自然化工法、道路の沿道環境および走行環境を改善するためにポーラスコンクリートが用いられています。一般道や高速道路で、降雨時に道路表面の雨水を排水する高機能舗装に用いられている排水性アスファルトコンクリート(混合物)のほうが馴染みがあるかもしれません。こ

れらのポーラスな材料では、土のような連続的なすき間を空隙と呼んでいます。しかもそれらの空隙は欠損したわけではなく、任意につくっているのです。これでは母材の微小欠損部分を空隙とする解釈には少し無理があります。

このように間隙、空隙ともにすき間としても差し支えないように思われますが、少し視点を変えてみましょう。土は間隙に存在する水の量によって乾燥土、不飽和土、飽和土と3種類の呼び方がありますが、土粒子のすき間は常に土の構成要素である気体と液体が、まさに「間隙を縫って」存在しています。これに対し、コンクリートはセメントと水・骨材を、アスファルトコンクリートはアスファルトとフィラー・骨材を練り混ぜて一体化したもので、ポーラス材料が開発される以前の定義では、基本的に構成要素に空気は入っていません。

以上のような視点から考えると、間隙とはその材料の構成要素が出入りできるすき間のことで、空隙とは構成要素が存在しないすき間のことであると言えるのではないでしょうか。

5 土の工学

土の圧縮と圧密とはどう違うのですか？

　土質力学の授業で圧密を習ったとき、圧縮係数や体積圧縮係数、圧密係数など、同じような名前の係数に戸惑った方は多いのではないでしょうか。しかし、土質力学では圧縮（comprerssion）と圧密（consolidation）はきちんと区別して使っています。

　乾燥した土の表面に荷重が作用した場合、土は土粒子の骨格によって荷重を支えますが、土粒子の骨格が受けもてる以上の荷重が作用した場合には、骨格は崩れ、土粒子はすき間（間隙）に移動します。その結果、間隙は小さくなり土粒子は密に配置されますが、体積は減少します。土の表面を叩けば固くなる、というのはそのためです。これを圧縮といい、膨張と対をなす状態です。

　一方、飽和した土の表面に荷重が作用した場合には、間隙水と土粒子の骨格によって荷重を支持します。このとき、間隙水圧は荷重が作用する以前の値（静水圧）に比べて大きくなります。しかし、この状態は長くは続きません。水は間隙を伝って透水しやすい方向に流れ出して行き、最終的には静水圧に戻って行きます。荷重によって増加した間隙水圧が静水圧に戻る時間は透水係数の大きさによって変化し、透水係数が小さくなるほどその時間は長くなります。これに対し、土粒子の骨格が受けもつ荷重は、間隙水圧が静水圧に近づくにつれて大きくなっていきます。その結果、土粒子骨格は崩れ始め、土粒子が間隙に移動することで、間隙は小さくなり土粒子は密に配置されます。つまり、間隙水が排水されながら圧縮が進んでいくことになります。

これが圧密という現象です。

　これらのことからわかるように、圧密は圧縮現象の1つではありますが、飽和した土が圧縮作用を受けたときに、排水に原因して時間的に圧縮が遅れる現象のことを圧密というのです。飽和した砂や礫の場合は透水係数が大きいため、早く（載荷とほぼ同時くらい）圧密は終了し沈下量も少ないのですが、粘土やシルトのように透水係数が小さく間隙の割合が大きい土では、非常に長い時間をかけて沈下が進行することになります。

　イタリアの観光名所の1つで、ガリレオ・ガリレイが物体の落下実験を行ったことでも有名な「ピサの斜塔」は、800年以上にわたって傾き続けています。傾き始めたきっかけは、砂地盤の強度差であると言われていますが、何百年もかけて傾き続けているのは、斜塔下部に存在する複数の飽和粘土層の圧密沈下が原因なのです。800年前といえば、日本では源頼朝が鎌倉幕府を開府した少し後の頃ですので、圧密現象は我々の想像を超えるくらいの長い時間をかけて進行する場合もあることがわかると思います。

ランキン、クーロンの土圧論の違いを簡単に説明してください。

　水中および土中のある一点において生じる鉛直方向の圧力（静水圧、土圧）は、単位体積重量（γ）に表面からの深さ（Z）を乗じることで求めることができます。これについては土・水ともに同じですが、水平方向については事情が違います。水中ではすべての方向で静水圧は等しくなるのに対し、土は内部抵抗によって自立し、崩れにくくなる特性があるため、水平方向の土圧は鉛直方向よりも小さくなります。水平方向の土圧がどの程度小さくなるかは、締固めた砂と粘土では崩れ方が違うであろうことが容易に想像できるように、土の特性によって異なります。

　例えば、土留めのために擁壁をつくった場合、背後の土は擁壁を押し出す方向に作用しますが、この土圧の大きさがわからなければ安定した擁壁の設計はできません。そのために、土の力学特性を用いて土圧を算定するための理論として土圧論が考案されました。その代表的なものにランキン（Rankine、1857）とクーロン（Coulomb、1773）の土圧論があります。

　クーロンは、砂質土を壁で静止させ、壁を土から離れる方向に移動させた場合と土を押し込むように移動させた場合の実験観察結果から、土表面と壁面、壁面の最下端から表面への斜線からなる三角形状の裏込め土が斜線上を滑り出すものと仮定し、マクロ的な力の釣り合いから壁面に作用する土圧を算定しました。そのため、クーロンの土圧論は「土くさび論」とも呼ばれています。ちなみに土が緩んで擁壁

を押し出す方向に作用する土圧を主働土圧、土が擁壁に押されて密な状態になり、壁の動きに抵抗する方向に作用する土圧を受働土圧といいます。土圧の主役は土ですので、主役が構造物に働きかけるのが主働土圧、構造物の働きかけを主役が受ける場合が受働土圧であると覚えるとよいかもしれません。

一方、ランキンの土圧論は、地中全体に作用する応力が破壊直前（塑性平衡状態）にある場合を想定して求められたものです。つまり、ランキン土圧を求める際の土中各点の応力状態は、モールの応力円で表すならば、破壊線と応力円が接している部分に相当します。そのため、クーロン土圧の場合と同様に壁面全体に作用する土圧を求める場合には、クーロン土圧のようにマクロ的な破壊形状を仮定するわけではないため、壁面の上端から下端まで作用している応力を積分する必要があります。

以上のことから、クーロン、ランキンの土圧論の違いを簡潔に述べるとすれば、クーロンの土圧論はマクロ的、ランキンの土圧論はミクロ的な視点から構築されたものである、といったところでしょうか。

5 土の工学

土の乱れとはどのような現象をいうのですか？

　土を構成する土粒子のすき間を間隙といいます。間隙の大きさは土の種類によって異なり、同じ体積の砂と粘土では、粘土のほうが間隙は大きくなります。これは土の構造が異なるためです。

　土は土粒子が堆積して形成されたものですが、礫や砂、シルト、粘土では構造、つまり土粒子の並び方が異なっています。礫や砂は単粒構造と呼ばれる構造を有しています。シルトや粘土などの粒径が小さい土は、土粒子が円環状に連結したような構造を有しており、ハチの巣構造や綿毛構造と呼ばれています。ハチの巣構造や綿毛構造は単粒構造に比べて間隙が大きいため、粘土やシルトの間隙比は砂に比べて大きくなるのです。

　さて、このような土の構造は非常に長い年月をかけて生成され、外力が加わらない限り安定しています。しかし、鋤や鍬あるいは建設機械などで外力を加えて原地盤をかき混ぜたりすると、土の構造は破壊されてしまいます。このように土の構造が破壊され結合力が弱まることを土の乱れといい、このような状態の土を「乱した土」あるいは「撹乱土」と呼びます。結合力の弱くなった土は、外力に対する抵抗が小さくなり、柔らかくなります。したがって、このような土は「原位置における土の構造と力学的特性が保持されていない土」と定義づけられています。

　砂や礫のような単粒構造であれば、乱した状態にあってもエネルギーをかければ締め固めて強くすることができますが、粘土のように複

雑な構造の土を乱した場合には、締め固めても十分な強度が得られないことがあります。植物を植える場合には、根の伸長を阻害しないため柔らかい土のほうがよいのですが、土を建設材料として扱った場合には困ったことになってしまいます。そのため、特に粘性土に関しては、乱れによる土の力学特性の変化を把握することが重要になります。

　乱れによる土の力学特性の変化を把握するためには、乱れていない自然状態の土の力学特性を知る必要があります。そのためには、現地で原位置試験を行う方法と調査地点で乱さない土（不攪乱土）を採取して室内で土質試験を行う方法があり、後者では不攪乱土を採取・運搬するとともに、試験用供試体を成形するのに細心の注意を払わなければなりません。

　このように土の乱れの影響を調べるためには、多くの手間がかかり、乱した土を用いて含水比と密度を原地盤と同じになるように調整した供試体を作成するだけでは、原地盤の力学特性は把握できない場合があるのです。

土を練り返すと強度が低下するのはなぜですか？

　陶芸用の粘土は、練り始め当初は硬く感じますが、何度も練り返していくうちに軟らかくなってきます。これは練り返しによって土粒子の配列（構造）が破壊されて粒子間の結合力が低下するとともに、土粒子に吸着していた水が自由水化して粘性土が流動するためです。このような現象は、工事現場での粘性土の掘削や転圧、敷きならしにおいても発生し、ブルドーザやバックホウなどの走行性（トラフィカビリティ）に影響を及ぼすだけでなく、結果として工事の進捗度合いにも悪影響が出てしまいます。

　土の強度は、外力に対するせん断抵抗の大きさに依存します。土のせん断抵抗は、土粒子間の摩擦抵抗と粘着力によってその威力を発揮しますので、粒子間の結合力が低下して流動し始めたような粘性土のせん断抵抗は非常に小さくなるのです。例えば、ブルドーザの履帯（キャタピラという商品名のほうがピンとくるかもしれません）には凹凸がついており、これが土の中に食い込んで土からの反力を得ることで走行が可能になりますが、履帯下の土が練り返されて強度が低下した場合には、十分な推進力は得られなくなってしまいます。例示したようなトラフィカビリティの低下が問題となるような土は、主として高含水比の粘性土で、その対策方法として接地圧の低い（接地面積の大きい）施工機械の使用や抜気による含水比の低下、安定処理などの方法がとられます。また、このような粘性土を締め固めて安定させようとする場合には、ローラの転圧回数に注意を払わなければなりま

せん。これは転圧回数が多すぎると間隙水や間隙空気に過度な圧力が生じてせん断抵抗が低下するためで、このような現象を過転圧（オーバーコンパクション）といいます。

一方、練り返された高含水比の粘土は、放置しておくと時間経過とともに強度が回復してきます。強度回復は、土粒子が粒子間引力によって再配列し、練り返しによって自由水と化した水が再び非自由水分となるために生じると考えられていて、この現象のことをシキソトロピーあるいはレオトロピーといいます。

練返しによって強度低下することが知られている関東ロームでは、強度回復に要する時間は2週間程度で、回復後の強さは練返し直後の1.2～1.7倍になることと、練返しによる強度低下が大きなものほど回復率が高いことが知られています。なお、乱さない土を用いて得られた一軸圧縮強度と、同じ土で含水比を変えずに練り返した土を用いた一軸圧縮強度の比を鋭敏比といい、土粒子間の結合力や粒子配列などが強度に寄与する度合いを表す指数として広く用いられています。

5　土の工学

斜面のすべり破壊とはどういう現象で、それを防ぐ方法はありますか？

　斜面には自然斜面と人工斜面があります。自然斜面とは、造山活動によって形成された地殻表面が、侵食や風化などの作用を受けてでき上がったもので、非常に長い年月をかけて現在の安定した形に落ち着いているものです。一方、人工斜面は法面(のりめん)とも呼ばれ、地盤を掘削して切土法面と土を締め固めた盛土法面がありますが、いずれも自然斜面と同様に安定した状態になるよう造成されています。しかし、作用する外力条件が変化すれば、斜面の形状はより安定した状態に変化し得ます。

　例えば、子供の頃によくやった「砂山崩し」という遊びを思い浮かべてみましょう。頂点に棒を立てた砂山の砂を取り除いていくと、砂の湿り具合（含水比）によっても変わりますが、棒の周りの砂は少しずつ崩れていきます。これは砂が力学的にバランスがとれた状態になろうとするためで、このバランスは他の子供が砂場に足を踏み入れただけで崩れてしまうことがあります。このように、斜面は平坦地に比べて安定性が悪いのは当然のことなのです。つまり、自然斜面にしろ法面にしろ、現時点で安定した状態であっても、環境条件が変われば不安定な状態になる可能性があるのです。

　斜面の破壊には、山崩れ、土砂崩れ、地すべり、斜面崩壊、表層崩壊などのさまざまな呼び名がありますが、これらの破壊現象が生じるときには、多くの場合はある面に沿って上部がすべり落ちているのが観察されます。この破壊面をすべり面と呼び、すべり面に沿って破壊

する現象をすべり破壊といいます。すべり破壊は、降雨量の急激な変化や地震などによって、すべり面に作用するせん断力がせん断強さを超えた場合に発生します。

　土のせん断強さは、構成物質の差異もさることながら、含まれる水分量によっても変化します。一般的に地下水などにより土中の水分が多くなるほど土粒子間の応力伝達（有効応力）が低下し、せん断強さは小さくなります。そのため、地下水はもとより降雨や融雪による影響が大きい場合などは注意が必要で、斜面の安定対策として地下水位を低下させたり浸透水の排水が行われます。このほか、急速な掘削や載荷によってもすべり破壊は生じやすくなります。

　このように、斜面が破壊しないようにするためには、強度の低下を食い止める、現時点の強度を超える荷重をかけない、強度を増加させるなどの対策が必要となります。一方、複雑な構成をもつ自然斜面では、すべり面の位置や形状を予測することは非常に難しいのですが、地層の形成のされ方、断層や破砕帯あるいは岩盤の節理の有無などの地質構造が、斜面破壊の起因となることが知られています。

円弧すべりって何ですか？

　アースダムや高速道路を構築する際に現れる人工斜面（法面）は、すべり破壊が生じないように造成されています。すべり破壊では、法面の下方部分から破壊が生じ、この局所的な破壊が上部へ伝播することで、最終的にすべり面上の土塊が滑動します。この破壊現象をマクロに捉えると、すべり面に作用するせん断力がせん断強さを上回ったときに、すべり破壊が発生すると考えることができます。また、どのような形状ですべり破壊が生じるかは法面の構成材料によって異なってきますが、一般的にすべり面の形状は円弧に近いものが多く、このようなすべり破壊を円弧すべりと呼んでいます。なお、すべり面の形状を円弧と仮定することで、設計時の計算も容易になるというメリットがあります。

　円弧すべりが法面に対してどの程度の規模で発生するかは、法面の傾斜や地盤条件によって異なり、底部破壊、斜面先破壊、斜面内破壊の3つに分類されます。底部破壊とは、すべり面の先端が法先から離れた地表面に現れる破壊で、粘着力が大きい緩い傾斜の盛土が軟弱地盤上につくられた場合などに生じます。また、盛土下に硬い地盤がある場合には、その地盤に円弧が接するように円弧すべりが発生することになります。斜面先破壊とは、すべり面の下端が斜面先（法先）を通る破壊で、砂質土からなる比較的急勾配の法面に生じやすいことが知られています。斜面内破壊とは、硬い地層が浅い位置にある場合に生じる破壊で、すべり面の先端が斜面の途中に現れるものをいいます。

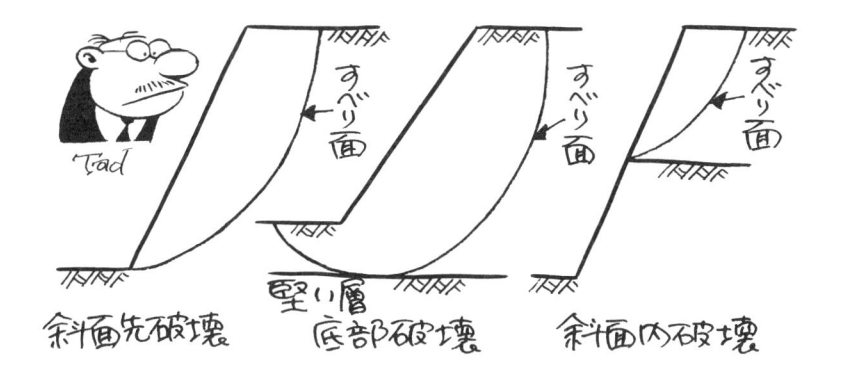

斜面先破壊　　堅い層　　斜面内破壊
　　　　　　底部破壊

　法面の設計時に円弧すべりを予測し、安定した形状を求めて安全性を確保するために、安定計算という計算手法が用いられます。安定計算には、スライス分割法や摩擦円法といった方法が利用されますが、いずれの場合も安全率（せん断強さをすべり面上でのせん断応力で除したもの）を求め、すべり破壊に対して安定しているか否かを判定します。なお、安定計算では、1つの法面に対してすべり円弧の中心位置をいくつも仮定し、繰返し計算を行うことで安全率が最小になるケースを求めます。この場合の円弧を臨界円と呼び、これが最終的に求めるべき安全率（一般的には1.2以上が必要）となります。

　また、安定解析に用いられる地盤の c、ϕ はせん断試験から求められますが、例えば、軟弱な粘性土地盤上に盛土を行った場合、盛土直後であれば非排水条件（短期安定問題）、長時間経過後であれば排水条件（長期安定問題）、と解析条件に応じて試験条件が変わることにも注意する必要があります。

土に加えられた力を全応力といいますが、では有効応力って何ですか？

　土は土粒子が堆積してできたもので、粒子同士は互いに接触し合って集合体を形成しています。その接触部分での摩擦抵抗あるいは電気的な抵抗によって土粒子同士の相互移動をお互い拘束し合って、ある種の骨格構造を形成しています。一方、土粒子と土粒子の間には空間が存在しており、それらは四方八方に連続しています。その空間を間隙といいますが、間隙は空気と水によって満たされています。このような土に荷重が作用すると、土の内部に応力が発生します。その応力はどのようにして土に伝わっていくのでしょうか。

　水が間隙を完全に満たしている場合、土粒子と水が荷重による応力を分担して受け持ちます。この場合、土粒子が受け持つ応力を有効応力、水が受け持つ応力を間隙水圧といい、それらを合わせたものを全応力といい、これが荷重と釣り合うべき応力になります。

　一般に土の変形は土粒子の骨格構造の変化なので、土の地盤の変形を取り扱うときには、この有効応力を知ることが重要になります。また有効応力を直接測ることは難しいので、全応力から間隙水圧を差し引いた値として求めます。全応力が有効応力と間隙水圧の和であるという原理は有効応力の原理といわれており、圧密理論で有名なテルツァギーによって提案されました。

　土の強度は土粒子間の摩擦やかみ合いによるので、有効応力が大きいほど土粒子間の力の伝達が高くなり強度が増します。砂のように大きな間隙を有する地盤では、間隙にある水が移動しやすいので、荷重

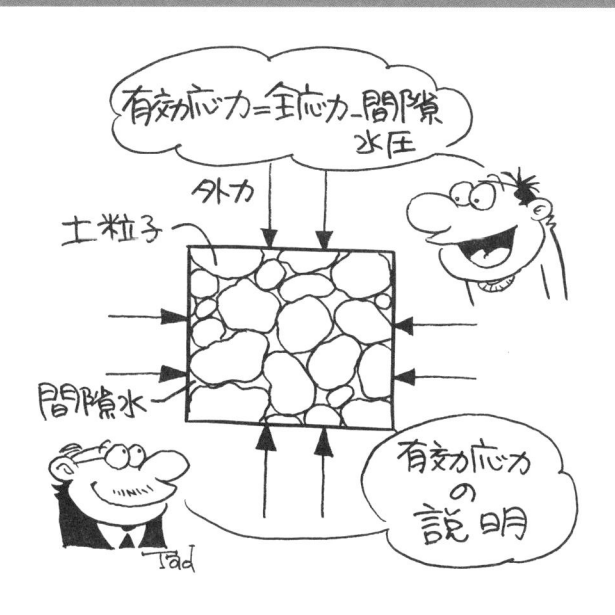

が加わっても大きな間隙水圧は発生しません。そのため有効応力は高くなり、強度も高くなります。

　しかし、地震のような急激な繰返し荷重が作用すると水の移動が間に合わず間隙水圧が上昇します。すると有効応力が急激に減少して土粒子のかみ合いが外れ、土粒子が水に浮いたような状態になります。その結果、粒子が過剰な水圧によって水とともに押し出され地表に噴出します。このとき、地盤の支持力はなくなり構造物が倒壊したり、地中構造物が地表に浮き上がったりしてしまいます。このような現象を液状化といい、砂地盤の最も危険な状態だといわれています。

　一方、飽和した粘土地盤では荷重が作用しても、水の移動が遅く排水に時間がかかるため、静水圧以上の間隙水圧（過剰間隙水圧）が長時間発生したままになります。すると土粒子に作用する有効応力が小さくなるので、変形がなかなか進まず構造物の沈下が長期にわたって進行していくことになります。この現象を圧密といい、厚い粘土地盤では何十年以上にわたっても沈下が終わらない例も見られます。

大きな山の中に掘られたトンネルがつぶれないのはなぜですか？

　山の多い日本では、道路や鉄道で移動すると必ずといっていいほど、トンネルに出会います。大きな山をくり抜いてつくられたトンネルは、日本の交通においてなくてはならない構造物です。そのようなトンネルの中を走っているとき、地山の土の重さでトンネルが崩れてしまうのではと不安に思うかもしれませんが、実はそのようなことは決してないことをお話しましょう。

　粘土のような土には粘着性があり、それ自身で形を保つことができます。このような土でできた山に小さな穴を空けても、その穴が潰れることはありません。また、砂のような粘着力のない土であっても、適当な水分を与えてやれば粘土のように固まります。砂浜で水を含んだ砂を盛り上げて、そこにトンネルを掘ってみれば経験できるでしょう。たとえ乾いた砂であっても、砂の粒子同士の摩擦によって粒子の移動が妨げられて、あたかも硬い固まりのようにふるまうことがあります。このような砂の山を静かに掘っていくと、穴はつぶれることはありません。山の重さを穴の側面に沿って下のほうに逃がしているのです。石がアーチ自身の重さをその両端に逃がすような働きで、これをグランドアーチ効果と呼んでいます。このような作用によって、トンネルをつぶそうとする力というのは想像するほど大きくはないのです。

　実際の山は粘土や砂などが混ざっているので、その振舞いはもっと複雑です。トンネルの周囲には地山の重さや地殻変動の圧力、地下水の圧力、トンネルを掘ることによって周辺の土が緩んで発生する応力

などが作用します。このような圧力を地圧といいます。地圧からトンネルを守り、トンネルが崩れないようにその側面をコンクリートなどで補強します。これを覆工といいます。覆工はトンネルに作用する圧力に対抗するように、その材料や厚さが決められています。このようにトンネルは土自体の性質と覆工によって守られているので、安心して通ってください。

　むしろ危険なのはトンネルを工事しているときです。トンネルは機械や発破によって地山を掘っていきます。その際、地山が緩い土でできていたり、トンネルの位置が浅かったりすると、地山の重さがそのまま地圧となってトンネルの側面作用します。このような場合、支保工というつっかえ棒で一時的に支えたあと、覆工を施します。トンネルが深い位置にあると、土の摩擦により圧力は減少し、さらに深くなると先ほど説明したグランドアーチ効果が発揮されるようになります。

　しかし、硬くて脆い岩に大きな力が作用している場合、そこを掘ると破壊してしまうことがあります。これは山はねという現象で、大きな音を立てて岩が砕けて飛び散る恐ろしいものです。軟らかい地盤では、トンネルの側面が押し出してきたり、底面が膨れたりする現象も見られます。これらは災害を引き起こす原因になるので、トンネルの工事には地山の性質を知るための入念な地質調査が必要となります。

5　土の工学

6

地盤の改良

軟弱地盤とはどんな地盤をいうのか、判断目安や基準ってあるのですか？

　「軟弱地盤」ということばは、専門家の間でも観念的に使われていて、厳密な定義があるわけではありません。

　ある地盤に土木構造物を建造したときに、その構造物や周辺地域に被害が生じるかどうか、また生じたとしてそれがどの程度になるかは、地盤をつくる土の性質と構造物の力学的な条件との相対的な関係によって変わるものなので、ある地盤が場合によっては軟弱地盤と呼ばれたり、そう呼ばれなかったりするわけです。何らかの土質試験を実施して、"ある物性値が一定の基準を満たす場合に軟弱地盤という"というわけでもありません。

　あえて定義づけるとすれば、「軟弱地盤とは、ある地盤に土木構造物を建造する際に、その地盤をつくっている土層の強度が小さくて、圧縮しやすい軟弱なものであった場合に、構造物やその周辺の安定の確保や沈下の制御のために何らかの対策が必要となるような地盤」であるということができます。

　軟弱地盤は地質学的にみれば、埋立、盛土などによる人工地盤と自然地盤に分けられます。自然地盤での軟弱地盤の多くは、粘土、シルト、砂、泥炭などで構成される沖積層上部に生じます。沖積層上部は、沖積世と呼ばれる、過去1万年間に水を介して堆積した若い土層で、圧縮、セメンテーション、地震による振動締固めなどの固化作用が発達していないので軟弱な地盤を構成しやすいのです。日本の代表的平野の石狩平野、関東平野、新潟平野、濃尾平野、大阪平野、筑紫平野

などもこの沖積層上部の地層を有しています。
　また、地形的には、三角州、後背湿地、溺れ谷、海岸砂州、扇状地などによく見られます。このような地形に共通していることは、水分を多く含んみ、じめじめしているということです。さらに、これらの地盤を土質からみると、泥炭質地盤、粘土質地盤、ゆるい砂質地盤などに分類されます。
　軟弱地盤における問題点は、支持力不足・不安定、すべりの発生、水による問題、沈下の発生、液状化などさまざまです。
　軟弱地盤に対する地盤改良は、その意味で非常に重要な技術で、さなざまな工法が開発されています。

軟弱地盤克服のための対策にはどのような工法があるのですか？

　基礎地盤が軟弱で、構造物の荷重によって沈下や変形の問題が発生する恐れのある場合は、地盤の対策工が必要になります。もちろん、その上につくる構造物自体の形式、形状、荷重、基礎などにも目を向け、これらを修正したり変更したりすることも有効です。軟弱地盤対策は、安定対策と沈下対策を合わせた総合的な対策として考える必要があります。

　安定対策は、軟弱地盤上に構造物を安定に建造するための対策であり、このためには構造物と地盤の支持力をうまくバランスさせて、破壊が生じないように制御することが必要になります。方法としては、盛土材として発泡スチロールなどの軽量材を用いるなどの荷重軽減工法、押え盛土の採用などによる地盤に作用する荷重のバランス化工法、支持層に直接及ぶ杭を打つ基礎工法、さらには、高架やカルバートなどの構造物をつくることによる地盤への負荷軽減対策などがあります。

　一方、沈下対策は、構造物が地盤に荷重を加えることによって生じる地盤の沈下を制御するための対策で、「圧密・排水」「締固め」「固結」「補強」「置換」の5つの原理が応用されます。

　圧密・排水による改良方法は、主として粘性土に適用される水分を除去し、密度を高める方法で、載荷による圧密を促進するサンドドレーン工法やペーパードレーン工法、揚水により地下水を低下させるウェルポイント工法、電気的に排水する電気浸透排水工法などがありま

す。締固めによる改良方法は、砂質土に適用され、振動を与えて締め固めるバイブロフローテーション工法やバイブロコンポーザー工法、衝撃によって締め固めるサンドコンパクション工法などがあります。

固結による改良方法は、水ガラスなどの薬液を軟弱地盤に注入する薬液注入工法、石灰やセメントなどの改良安定材を地盤に添加して、その化学作用により地盤の強度を高める混合工法など、人工的に土の性質を改良する方法です。

その他にも、軟弱地盤上に砂などを覆う覆土工法、シートやネットを布設し荷重の分散を図るジオテキスタイル工法、あるいは、軟弱土を良質土で置き換えてしまう置換工法などがあります。

以上のようないろいろな軟弱地盤対策工法は、単独で適用されることもありますが、一般的にはこれらを組み合せて適用するのが普通です。

地盤を改良するための砂でできた杭があるって本当ですか？

　一般に土はその密度が増加すれば強度が増加し、その土からなる地盤の支持力も高まります。何らかの機械的な方法で土を締め固めて密度を増加させ、地盤の支持力を高める工法を締固め工法といいます。

　砂の密度を増加させるためには、砂粒子の間の間隙を小さくします。砂の粒子の間に水がないと粒子間には粘着力が働かないので、適当な振動を加えてやると粒子の間隙が小さくなるように再配列します。緩く詰まった米の入った容器を適当にゆすったり、たたいたりすると米の体積が減少して落ち着くのと同じです。粘土の場合には粒子間に粘着力があり、間隙には水もあるので、締め固めるのは容易ではありません。むやみに振動を加えると粒子間の接着が失われて、かえって軟弱化してしまいます。このようなことから、機械的な締固め工法は砂地盤に適した工法です。

　道路舗装のように表面のみを締め固める場合には、ローラやコンパクタによって行えますが、深いところまで締め固める場合には、安価な杭を多数打ち込む方法がとられます。杭を打ち込むと、その周囲の地盤を圧縮し、杭の体積分だけ間隙が減少して土の密度が高くなります。その結果、地盤の支持力も増加し、杭自体の支持力も期待できるのです。このような工法を締固め杭工法といいます。

　このとき、自然の砂を杭として打ち込んで締固めを行うと材料費が安くあがります。この工法をサンドコンパクション工法といいます。

　方法としては、まずはじめに、中空の鋼管を打ち込み、その鋼管内

に砂を投入します。地中に残した砂の柱を突き固めながら鋼管を引き上げて、周りを締め固めると同時に、締った砂杭を造成していきます。ゆるい砂地盤の締固めには最も良く活用されている方法で、15mくらいの深さまで改良が可能です。砂分が70％以上の砂質地盤にも適しているといわれています。

　また、鋼管の打込み、振動するハンマ（バイブロハンマ）によって砂の突固めを行うバイブロコンポーザー工法があります。打込みに振動を使うため騒音が小さく、市街地の工事にも使用することができます。この工法では30m程度の深さまで改良を行うことができます。

　あるいは、バイブロフローテーション工法もあります。この工法は、バイブロフロットという水平方向に振動する棒を地中に挿入し、振動させながら地中から引き上げ、地盤が締め固められてバイブロフロットとの間にできた隙間に砂、砂利などの骨材を流し込んで充てんしていくものです。水平方向に振動させるので、周りの地盤に作用する締固め作用はより直接的です。したがって、バイブロコンポーザー工法よりバイブロフローテーション工法の方が比較的均一な締固め効果を持つといわれています。さらに、投入された砂を突き固めるために、振動の方向が上下方向になっているものも開発されています。砂ぐいの施工間隔は1.2m〜1.5mで、正三角形に配置していきます。施工深度は地表から8m程度ですが、最近では施工深度はさらに20mぐらいまで向上しています。

土工事に使用されるジオテキスタイルって何ですか？

　ジオテキスタイル（geo-textiles）とは、土地を表す接頭語のジオと、織物を表すテキスタイルとの合成語で、土木工事に用いる繊維材料のことです。ポリエチレン、ポリエステル、ポリプロピレンなどの高分子材料を原料としてつくられる、織布、不織布、ネット、メッシュなどがあります。これらジオテキスタイルは、土とサンドイッチにしたり、直接土の上に敷いたりして使用します。ジオテキスタイルには、排水、ろ過、分離、補強、保護といった機能があります。

　排水機能を利用すると、盛土の内部に敷設した場合、降雨や地盤の余剰水による盛土内部への浸透水を排除しやすくなり、これにより斜面崩壊の防止になります。

　ろ過機能を利用すると、河川護岸内部に敷設した場合、水を含んだ土砂が接したとき、土砂は通過させず水だけを通してくれます。

　分離機能を利用すると、軟弱地盤の盛土の下部に敷設した場合、ジオテキスタイルがフィルターの役目をして粒径の異なる土質の相互混入を防いでくれます。また、軟弱地盤上にシートとして敷けば、ぬかるみを低減させ、建設機械の走行性能（トラフィカビリティー）がアップします。

　また、ジオテキスタイルの引張り強度が大きいという特性を活かした補強機能を利用すると、盛土内部に敷設した場合、盛土勾配を急にしたり、安定性を高めることができます。

　保護機能を利用すると、産業廃棄物処理場などの底面に遮水シート

の上に敷設した場合、遮水シートの鋭利な廃棄物による損傷を防いでくれます。

　これらの機能は各種同時に発揮され、一枚のジオテキスタイルを設置するだけで大きな効果が期待でき、土工事に関する多くの用途に使用されています。

　現在期待されているジオテキスタイルの展開としては、法面の緑化基盤としての機能です。これは、法面の侵食を防止する補強機能に伴って、侵食を受けないために安定した植物の育成が維持され、永続性のある緑の復元が期待できます。

盛土の安定処理はどのようにするのですか？

　盛土は、道路・鉄道の交通荷重や造成地の建物を支える基礎としての盛土や、河川の堤防やフィルダムなど水を止める止水を目的とするなどいろいろな目的で施工されます。

　盛土の材料として好ましい土は、粒度分布がよく、塑性指数が大きい土、いいかえれば施工が容易で、せん断強度が大きく、圧縮性が小さいなどの性質をもった土です。反対に好ましくない土としては、ベントナイト、酸性白土、有機土などの吸水性が大きく、圧縮性が大きい土です。

　しかし、良質の材料のみを選択・使用することは、経済上、環境上許されません。多少含水比の高いものや強度の不足するものなど、得られる材料が多少好ましくないものであっても、設計・施工上の工夫を凝らして、うまく使用することが必要です。そのために、安定処理工法、補強土工法などが適用されます。

　安定処理工法は、盛土となる材料に添加材を混合かくはんし、化学的に土の性質を変える工法で、古くから行われてきました。添加材には、石灰、セメント、フライアッシュなどが用いられ、盛土材料の性質によって使い分けられます。混合方法は、現場混合方式、プラント混合方式、地山混合方式などがあります。

　こうした添加材を混合すると、どうして土の性質が改善されるのでしょうか。石灰を例にあげて考えてみましょう。

　生石灰を土に混ぜると、土中の水と石灰が反応して、土中の水が固

体化しようとします。この化学反応（これを水和反応という）には、必ず熱（水和熱）が伴います。セメントが固まる時に、水和熱が出るのと同じ原理です。この水和熱が土中の水を蒸発させ、これにより材料土の含水比が低下するというわけです。みなさんの中には、学校の体育倉庫などで見かける石灰に、「雨天時、やけどに注意」の表示がされていることを見たことがあると思います。これは、いいかえれば「水和熱に注意」ということです。さらに、石灰には土を団粒化する効果（イオン交換反応）、固結化する効果（ポゾラン反応）があり、これらの効果によって土の性質が改良されます。

　セメントやフライアッシュなども、基本的には、石灰同様の各種化学反応効果をもたらします。

　近年の環境問題あるいは経済性から、特に残土を場外へ搬出することが難しくなる傾向が著しいこともあり、こうした安定処理工法などにより、土質に左右されない盛土材料の使用が要求されてきています。

盛土に発泡スチロールを使う工法があると聞いたのですが、どのような効果があるのですか？

　荷重軽減による地盤改良工法の一つに、軽量盛土工法というものがあります。盛土自体の荷重を軽くすることで、地盤にかかる応力を減じ、地盤沈下などの影響を小さくしようとするものです。材料的には、発泡スチロール、気泡モルタル、軽量骨材などが用いられます。

　この軽量盛土工法の中で、近年注目を浴びているのが、高分子材である発泡スチロール（EPS：Expanded Polystyrol）を用いる工法で、大型ブロック状に形成された発泡スチロールを積み重ねることにより、容易に盛土を築造することができます。もともとは、ノルウェーで開発されたものです。

　特徴は、なんといっても超軽量ということです。その密度は、土木工事によく使われるもので20〜40kg/m^{3}で、通常の土と比べて約1/100です。これだけ軽ければ、人力での運搬や設置も可能です。また、圧縮強さがあり、繰り返しの荷重にもほとんど変化せず、盛土材として強度も十分有しています。

　さらに、他の軽量盛土材と大きく異なるもう一つの特徴は、吸水性がごく小さいため水の浸入がないということです。これにより、地下水位以下でも用いることが可能になります。

　現場への適用例も増えてきており、身近なところでは鉄道や高速道路の拡張工事などで見かけられます。

　発泡スチロールは、ブロックのまま使用するばかりでなく、その粒子を現場で混合かくはんする新たな軽量盛土材としての開発も進んで

います。やはり、水密性を期待したもので、堤防などへの利用など可能性があり、建設残土の有効利用対策としても期待されています。

　発泡スチロールの利用が、すべてがよいことばかりかというとそうではありません。ご存じのように、発泡スチロールには浮力があります。そのために、地下水位が高いところでは大きな浮力を受け、さらに洪水時などにこの浮力により盛土が破壊されてしまう可能性があります。また、紫外線により材質が劣化しやすい、ガソリンに触れると融解してしまう、あるいは発泡スチロール自体石油製品であるので火災時に延焼の可能性があるなどが挙げられます。

　そのため、発泡スチロールの表面を確実に土やシート、場合によってはコンクリートで覆う必要があります。

7

工事に関わる土

トンネルはどのように掘り進むのですか？

　トンネルは、一見すると単純で簡単そうな構造物に見えますが、実はそこには、あらゆる土木技術の粋が結集されています。

　汽車や自動車に乗って山の中を通過するときにお世話になるようなトンネルは、比較的固い岩石をドリルやダイナマイトで切り崩しながら横穴を掘っていくもので、山岳トンネルと呼ばれます。一方、都市部に地下鉄や上下水道施設をつくるために掘られるトンネルを都市トンネルといいます。都市トンネルは山岳トンネルと違って、比較的柔かい地盤の中を、しかも都市構造物に影響のないように施工するために、多くはシールド工法よって掘られます。また、海底や河底などに建設されるものを水底トンネルといいます。このトンネルは、あらかじめ地上でトンネルの覆いをつくっておき、これを海底や河底に沈める沈埋工法と呼ばれる技術によって建設されます。世界最長の水底トンネルである青函トンネルは海底にありますが、固い地盤を掘ってつくられたので山岳トンネルの一種です。

　では、山岳トンネルの建設方法について見てみましょう。トンネルのルートを計画するときに、トンネルの用途、地山条件、周辺環境などを調査します。地山条件は、トンネルの掘削施工時や完成後の維持管理に大きく影響されるので、特に重視されます。調査によってルートが決まったら、次は測量です。その測量がうまくいかないと、両方から掘り進んだとき、お互いの穴の先端が巡り会えなくなってしまうなどということになります。測量は施工中も絶えず行います。

トンネルの施工は、断面の一部をまず掘削して導抗を掘り、他の部分を順次切り広げて仕上げていきます。掘った部分が崩れるのを防ぐために、鋼鉄製の支保工と呼ばれる支えを掘削面に沿って配置します。しばらく掘り進んで支保工で支えている部分がまとまれば、土圧に対抗するために覆工と呼ばれる50cmから1mの厚さのコンクリートの覆いを壁面に打設していきます。

　掘削工法にはいくつかの種類があり、地山の地質によって工法を選択します。地質が良好で地山が安定している場合には、全断面を一気に切り崩す全断面掘削工法を採用します。ドリルのような削岩機を多数備えた大型機械を用いるので最も効率がいい工法です。地質が中程度で、湧水の少ない短いトンネルでは、断面の上半分の断面を切り崩し、その部分の覆工が終わったら下半分を施工していく半断面掘削工法が採用されます。地質が極めて悪い場合には側壁導抗先進上部半断面掘削工法を用います。下部の両側の側壁に導抗を掘削し、続いて天井部分を掘削して支保工を配置し、壁面に覆工を施します。それらが安定したら残りの下半分を掘削して所定の断面としていくもので、サイロット工法とも呼ばれています。

　最近では支保工を用いず、壁面にコンクリートを吹き付けるとともにロックボルトを打ち込んで地山を安定させるNATM（ナトム）と呼ばれる工法も開発されています。

地下鉄はどのように掘ってつくられるのですか？

　世界で最初の地下鉄は、1863年、イギリスのロンドンに全長6kmの区間につくられました。当初は蒸気による動力でした。日本では、現在の銀座線・上野－浅草間が昭和2（1927）年に開通、それ以降、建設が続いて現在の地下鉄網をつくりあげました。今や地上の慢性的渋滞を避けるため、都市交通の主要幹線となっています。しかし、都市に新たに地下鉄を建設する場合、道路、ビル、ライフラインなどの都市施設が複雑に絡み合った地下を掘る作業が必要になり、建設場所の状況に応じていろいろな工法を駆使しなければなりません。

　最も一般的に広く用いられる工法は開削工法です。この工法は、地上の構造物と同様の複雑な内部構造の施工が可能であり、また、経済的であるため、地下鉄建設のほかにも地下駐車場、地下共同溝などでも採用されてます。

　開削工法は、まず、掘削した穴を土が埋めてしまわないよう土留め工を施工して少し掘削し、工事中の道路交通を確保するために道路面に覆工板と呼ばれる鋼板を敷きます。そして、土留め工が周りの土に押されるのでつっかえ棒（支保工）をしながら、所定の深さまで、かつ、必要な空間を掘削していきます。そして、確保された空間に鉄筋コンクリートのトンネルを構築後、最後に埋め戻しをして路面を復旧します。都市の地下部にはいろいろなライフラインが通っているので、この一連の作業中には、それらを保護する作業も欠かせません。

　しかし、道路や鉄道を横切ったり大きなビルの下を通す場合には、

地面を直接開削することはできません。最近では、都市の構造物に対する影響を少なくしようとするため、かなり深い場所に建設が限定されてきています。だからといって、山岳トンネルのような掘削方法は採用できません。なぜなら、都市の地下は軟弱な地盤であることが多いからです。さらに、開削工法は道路面の一部を占有して行われるため、地表の激しい交通渋滞の原因となる、沿道へ騒音・振動などの影響がある、というような都市部で使用するうえでの欠点を指摘されています。

　そこで、シールド工法という掘削方法が開発されました。この工法は機械化・自動化が進んでおり、安全性が高いので、都市トンネルの有力な工法として用いられています。

トンネルを掘るためのシールドマシンって何ですか？

　シールド工法は、都市の地下の軟弱地盤にトンネルを掘るために開発されました。シールドと呼ばれる鋼鉄製の円形の筒を土の中に押し込みながらその先端部を掘削し、掘削が進行するたびにシールドを押し込み、セグメントと呼ばれる覆工をその後に設置していきます。シールドマシンというのはこれら一連の作業を行う建設機械のことです。掘削、推進、ずり出し、覆工などの作業のほとんどが、このシールドマシンで行えるので、人手はあまり要りません。

　シールドは盾という意味で、船食い虫が歯で前面の木材を食い切り周囲をその身体で支えながら分泌物を出して固めつつ進むのを見て、フランス人マーク・ブルネルが1818年に考案したといわれています。1825～1843年のテームズ河の河底トンネルで初めて使用されました。

　シールドの先端はカッターのようになっており、それがゆっくり回転して土砂を削り取っていきます。その後ろにはシールドを推進させるためのジャッキが据えられ、さらにその後ろにはセグメントを組み立てる装置や、土砂を運搬する装置、機械の操作室があります。

　シールドの先端部を密閉しその中の気圧を上げて掘削作業を行う方式のものを圧気シールド工法といいます。気圧を上げるのは掘削面からの湧水押え込むためです。ただし、この中での作業は潜水病が心配されるので、連続して0.5時間から1.5時間しか作業を行えませんし、減圧施設が必要となります。

　掘削面に大量の水を送って、土砂を泥水化してパイプで排出する方

式を泥水加圧シールド工法といいます。泥水は沈殿池でろ過されたのち再び使われるので、泥水処理のための施設が必要になります。最近では泥水だけでなく、土を扱いやすくするために特殊な添加材を混入した泥水や、起泡材を入れて泡を発生させたものを土と混ぜているものが開発されています。

軟弱地盤では掘削した土自体が水を含んでいるので、前面を密封して圧力をかけると泥が押し出されてきます。このようにして掘削土を処理する方式を土圧バランスシールド工法といいます。シールドの直径は6mから、最近では10m以上のものまであり、めがねのように2つの筒をあわせた異形断面も開発されています。

一方、山岳トンネルの施工にも同じような掘削機械が開発されており、その名をトンネルボーリングマシン（TBM）といいます。TBMは多数の回転するカッタを装着した掘削前面（カッタヘッド）を回転させ、固い岩盤を削り取って行きながら掘り進みます。TBMは振動や騒音がなく、作業に必要な人員も機械の操作だけの最小人数で済むなど、施工の高速化、安全性の向上などをもたらしました。しかし、マシンの掘削する方向を制御することが難しいので、最近ではレーザーによる測量技術とコンピュータによる管理技術を組み合わせたシステムを用いて掘削推進の制御を行っています。

海上空港である関西空港はどうやって埋め立てたのですか？

　関西国際空港は、わが国で最初の本格的な24時間運用可能な国際空港として、1994（平成6）年9月に開港しました。この空港は、わが国で最初の海上空港です。大阪湾南東部の泉州沖約5kmの海上に面積510haの空港島と呼ばれる埋立地を造成し、そこに長さ3500mの滑走路を含む空港施設を建設したのです。その後、拡張工事が行われ、2007（平成19）年に4000mのB滑走路の供用が始まりました。

　空港島建設予定地域は、平均水深20m、しかもそこから厚さ約400mにわたり軟弱な沖積粘土層に覆われ、その下に粘土層と砂層が互層となった洪積層が広がるという、実にやっかいな海底地盤でした。沖積粘土層は、単純に大量の土砂を投入すればその重みで沈下してしまう非常に軟弱な層です。また、むやみに土砂と投入すると、はじめのほうに埋めた部分が早く沈下してしまい、あとで埋め立てた部分と沈下量が異なって平らな表面になりません。空港島の建設は、まさに地盤の沈下との戦いでした。

　埋め立てにあたり、地盤の沈下量を予測することが必要です。室内試験で粘土の物理性状をとらえ、その結果を用いたコンピュータシミュレーションによって沈下の予測が行われ、工事に活用されました。

　一方で、沈下を速めてしまう工事も行われました。粘土層の沈下は粘土内の水が抜けていくことによって生ずる圧密現象です。圧密が進めば、地盤が安定化します。圧密を促進するためには粘土内の水を速く抜けばよいので、あらかじめ粘土層にパイプの役目をするものを杭

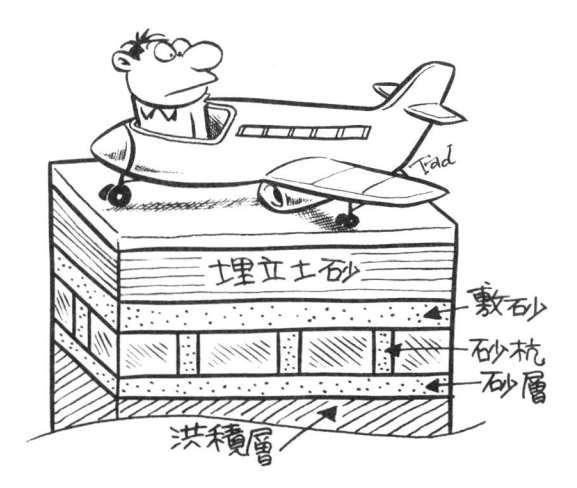

として打ち込み、浸出させます。このような工法をドレーン工法といい、粘土に埋め込むパイプの種類によって、砂の杭を埋め込むサンドドレーン工法、特殊な繊維を埋め込むペーパードレーン工法などがあります。空港島では、サンドドレーン工法が採用され、沖積粘土層の中に直径40cmの砂杭を打ち込み、上から土砂による重さを加えて、粘土中の水分を抜きながら地盤を5～6m圧密沈下させました。そのようにして打ち込んだ砂杭は、実に約100万本にも達しました。

　埋立て工事には、約1億8千万m³の土砂（10t大型ダンプで約4 000万台分！）を幾層にも分けて平坦になるように投入し、沈下の様子を観測しながら、最終的には海底から約33m、およそ10階建のビルの高さまで積み上げました。工事にあたっては沈下量を予測し、かつ、工事を安全、確実、迅速に施工するために、徹底的に合理化された工事手順と、コンピュータ等を使って土砂投入の際に正確な位置を確定するなど、高度な施工管理が採用されました。さらに、完成後も沈下が予想されるため、空港島に建設される構造物には沈下に備えた工夫がされています。例えば、空港ターミナルビルの柱の基礎部分にジャッキが設置されており、沈下に応じて建物を持ち上げることができます。エプロンの舗装にも同じような設備が施されています。

明石海峡大橋のような長大な吊橋を支える海の中の橋台は、どうやってつくるのですか？

　明石海峡大橋は、神戸市垂水区舞子と淡路島の間の明石海峡に架かる長さ3910m、中央支間長1990mの3径間2ヒンジ補剛トラス吊橋（世界最長の吊橋）で、平成10年春完成しました。大阪湾と播磨灘をつなぐ明石海峡は、幅約4kmもあります。橋を渡そうとするルートでの最大水深は110m、潮の流れの速さは最大毎秒4.5mに達するなど、工事にとっては非常に厳しい条件なのです。

　吊橋は、中央の2本の柱（主塔）の間にケーブルを通し、そのケーブルを両岸の土台（アンカレイジ）で止めておいて、そのケーブルによって桁をつるす構造です。主塔やアンカレイジには、巨大な荷重が作用するための強固な基礎が必要です。

　明石海峡大橋の場合、主塔を支える基礎部分には10万tもの力が加わります。そのために、基礎部分は固い岩盤の上に直接載るように設計されました。まず、明石層と呼ばれる固い地盤を甲子園球場の広さに削って平らにする作業から始められました。この作業は、グラブ掘削船と呼ばれる掘削用の大きなショベルを持った船で行われました。しかし、基礎となる場所は水深が60mもあり、さらに潮流が激しく、船がゆれるなかで作業を行わねばならないため、掘削精度が問題となります。そこで、無人の潜水機などによって掘削状況を観測しながら進められ、その結果、掘削面のでこぼこが±20cm内におさまる精度に掘削することができました。

　主塔基礎自体は、工場で製作された直径80mの鋼鉄製のケーソン

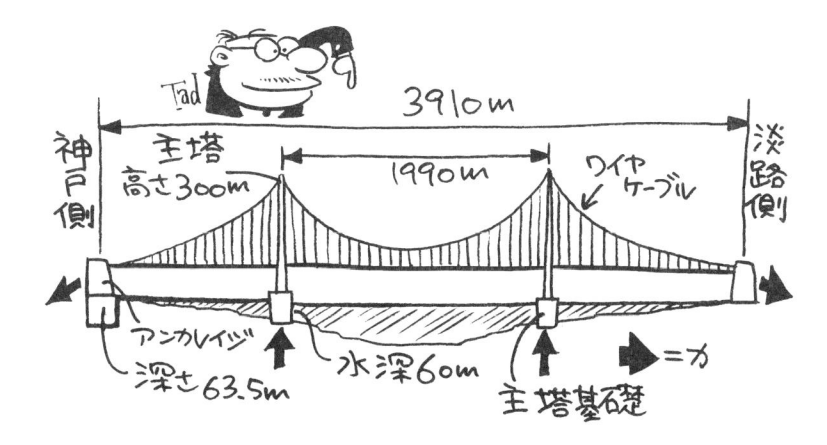

で、これを海に浮かべて現場まで運び、そこに大量のコンクリートを流し込み、沈めて所定の位置に設置しました。投入されたコンクリートは水中で固まり、固まったあとも十分な強度を有する特殊な水中不分離性コンクリートが用いられました。

　一方、アンカレイジは、海岸付近に設置するため、埋め立てをして作業用の足場を確保してから建設されました。神戸側のアンカレイジの基礎本体は、直径85m、深さ63.5mの巨大な円形のコンクリート製の筒です。筒の壁は地下連続壁工法という方法によってつくられました。地盤に壁の部分にあたる部分だけを掘削して、そこに鉄筋とコンクリートを打ち込んで筒の壁を先につくっておき、その後内部をきれいに掘削し、そこに水分量の非常に少ないダム用のコンクリートを大量（232 000 m³）に打ち込んで固め、基礎としています。

　その基礎の上にコンクリート製のアンカレイジ本体を設置します。アンカレイジ本体にはケーブルを固定するアンカーフレームが埋め込まれており、ケーブルや鉄骨が複雑に入り組んでいます。そのようなところはコンクリートが周りにくいので、流動性があり締固めが不要な高流動コンクリートを使用しました。アンカレイジ本体には14万m³、35万tものコンクリートが必要でした。

7　工事に関わる土

鉄道のレールの下には、土ではなく砂利が敷いてあるのはなぜですか？

　線路は，列車の通路となるレール、枕木、道床およびその付属品と、これを支持する路盤の総称です。枕木は、レールにかかる列車の重さを道床に平均に伝える役目を果たし、道床はレールや枕木を均一に支持し、それらからの荷重を広く分散させてその下の路盤に伝える役割を持っています。私たちが目にする線路の砂利は、この道床にあたります。

　道床には列車の1つの車輪から70kN程度の力が作用するので、それを支えるためにはよほど丈夫でなければなりません。また、軌道の水をすばやく排水したり、寒冷地においては凍上を防いだりもしています。また、軌道の狂いを容易に修正できるように、ある程度可動性も持ち合わせていなければならなりません。そこで、クッションの役目をし、水はけがよく、修正がきく材料として、砕石（バラストという）や砂利が用いられています。このような材料は、丈夫で摩滅しにくく、風雨にさらされても変質しません。しかも、安価に入手できます。この砕石や砂利を突き固めた道床を「バラスト道床」といいます。わが国では各地の河川の砂利が広く用いられましたが、最近良質なものは枯渇し、多くは山から切り出した岩石を細かく砕いた砕石が用いられます。あるいは、溶鉱炉からの副産物として生ずる鋼さい（スラグ）を適度の大きさに粉砕したものも用いられることがあります。

　バラスト道床の断面形状は台形であり、その表面は水平で枕木の上面と一致しています。枕木の下のバラストの厚さは、列車の重量と速

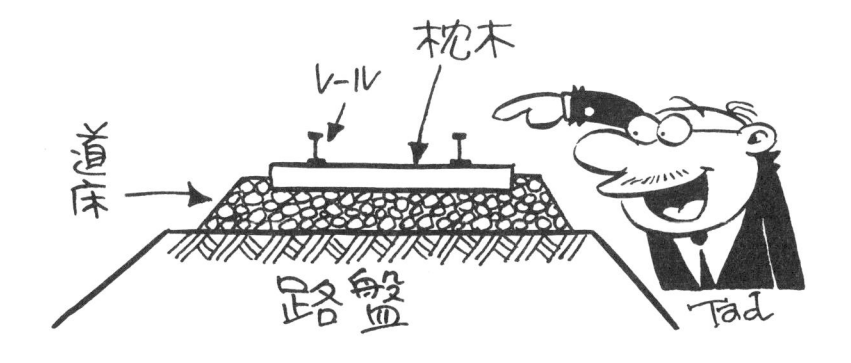

度、路盤の支持力、枕木の配置間隔によって20cmから25cm程度に決められています。一見するとバラバラと無作為に敷かれているように見えますが、レール面が列車の通過によって動揺しないように、砂利や砕石は十分に突き固められています。突固めは、レールの部分をよく突き固め、枕木の中央部や端部では単にバラストを充てんするにとどめられます。この部分をあまり強く突き固めると、列車によって枕木が沈下したときに、レールが傾いてしまうからです。バラスト道床は、列車の通過による振動などで少しずつ狂いを生じてくるので、常に保守作業が必要です。

　しかし、地下鉄や新幹線の一部のレールにはこうしたバラスト道床が見あたらないものがあります。そのかわりに、コンクリート製の路盤の上に、コンクリート製の道床と枕木が設置されています。これは、「スラブ軌道」と呼ばれています。スラブ軌道では、砕石や砂利が行っていたクッションの役割を、路盤と道床の間に敷いた厚さ5cmほどの弾力性に富んだセメントアスファルト、レールと枕木の間に施される弾性締結装置が果たします。スラブ軌道の建設費は割高ですが、一度建設してしまうとレールの狂いが生じにくく、保守経費が軽減されるなどの多くのメリットがあります。

土工事用の建設機械にはどんなものがありますか？

　土木工事というとすぐに土を掘り返したり、盛ったりする工事を思い浮かべるように、構造物をつくるためには必ずこうした基礎を成形する土工事が必要で、土木工事の中でも最も基本的な作業です。

　土工事には、土を掘ったり（掘削）、埋めたり（埋戻し）、切り取ったり（切土）、盛ったり（盛土）、運んだり（運搬）、締め固めたりする作業が含まれます。これらの作業は、規模が小さければスコップ一つで行えますが、一般的な土工事は建設機械を用いて施工されるのが普通です。ですから、工事の成功の可否は、建設機械をいかに有効に使用するかにかかっているといってよいのです。

　排土と掘削機械は土工機械の主力となるもので、その種類も最も多くみられます。おなじみのブルドーザは排土機械の代表で、短い距離ならそのまま運搬も行える便利な機械で、土工事の現場には必ず見られます。それ以外に、爪の打撃力によって軟岩を破砕するレーキドーザ、土工板を進行方向に対して左右に30°ほど斜めに動かせるアングルドーザなどもブルドーザの仲間です。掘削機械はショベル系の掘削機を主体として、アタッチメントに交換することによってさまざまな作業が可能となります。掘削位置が高い場合にはパワーショベル、低い場合にはバックホウ、水中の掘削にはドラグインやクラムシェルを用います。また、杭用の穴を掘るときにはアースドリルを使います。

　土の運搬には、ダンプトラックが一般的です。また、スクレーパは運搬をはじめ、掘削、積込み、捨土、敷ならしなどを1台でできる便

利な機械です。スクレーパには自走式のモータスクレーパと被けん引スクレーパがあります。ベルトコンベアなども、短い距離であれば連続的に大量の土砂を運搬することができます。

　土の敷ならしにはモータグレーダという機械を用います。前輪と後輪の間に、固い土を掘り起こす爪（スカリファイヤ）と、土をならす土工板が取り付けられています。

　締固め機械には、その機構によって静的圧力のもの、振動によるもの、衝撃によるものに分けられます。ロードローラやタイヤローラは、静的圧力によるもの、振動ローラは振動によるもので、それぞれ走行しながら自重または振動によって土を締め固める機械です。振動コンパクタ、ランマなどは小型軽量なので、狭い場所での締固めに用いられます。

　その他にもそれぞれの作業に使用できる機械はいろいろなものがありますが、作業の規模や土の性質などの条件にぴったり適合する機械を選択し、効率よく運用することが重要です。

7　工事に関わる土

土工事用の建設機械の違いがはっきりしないのですが、絵で説明してもらえませんか？

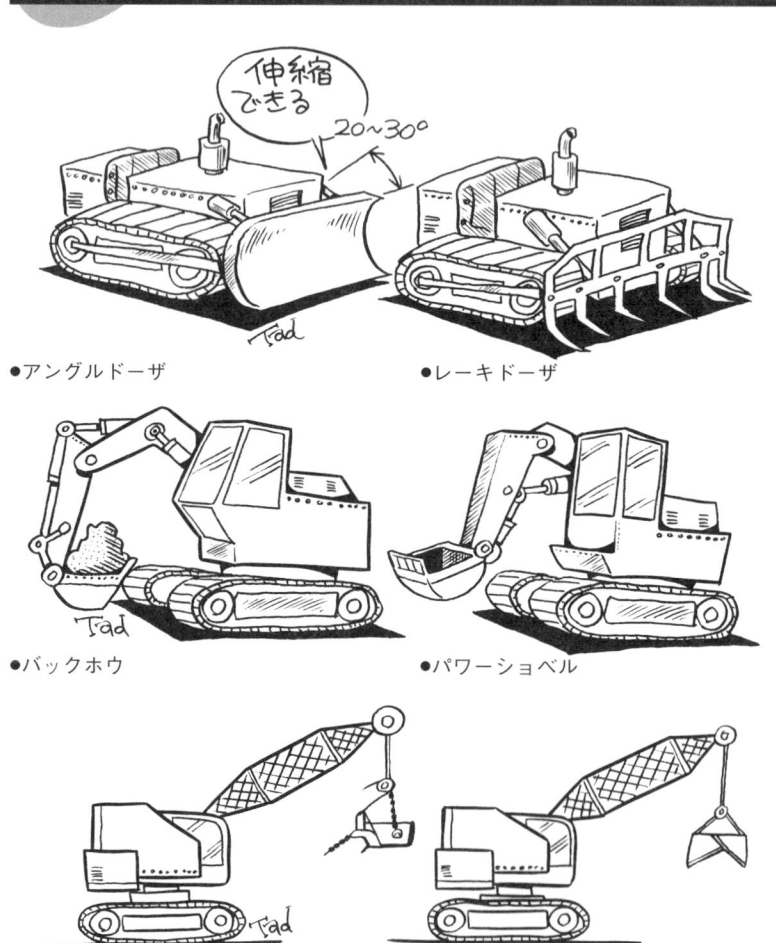

伸縮できる
20～30°

- アングルドーザ
- レーキドーザ
- バックホウ
- パワーショベル
- ドラグライン
- クラムシェル

- モータスクレーパ

- モータグレーダ

- ロードローラ
- タイヤローラ
- 振動ローラ

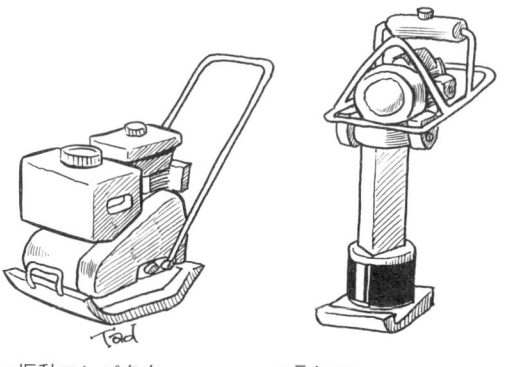

- 振動コンパクタ
- ランマ

7 工事に関わる土

土工における切り盛り作業を効率よく行うにはどうしたらよいですか？

　土を掘ったり削ったり運んだりして、地盤を成形する作業の総称を土工といい、この土工作業を効率よく行うために、現場の土を有効利用するように計画を立てることを土量計画といいます。

　土の量は地山にあるとき、それをほぐしたとき、それを締め固めたときのそれぞれの状態によって体積が変化します。鉄道や道路のように長い距離にわたる土工では、このような土量の変化を考慮に入れないと、施工中に著しく土の過不足が生じてしまいます。

　例えば、掘削しようとする土が普通土でその体積を1とします。その土を切り取って運搬するときには、ほぐされて1.30～1.45倍になりますが、それを盛土する部分に運搬し締め固めると今度はもとの土の0.85～0.95倍に減ってしまいます。この変化率は土の種類によっても異なります。このような、土の体積の変化を土量計画、土量配分計画に反映させなければなりません。

　土量の配分は、"土量×運搬距離"で表される仕事量を最小にするように計画され、土積図（マスカーブ）というものを使って行われます。

　土積図は、切土をプラス、盛土はマイナスとして、各点での累加土量を求め、縦断図の距離に合わせてプロットしたものです。この場合の土量は締め固めた後の土量で計算します。このように求めた曲線を土積曲線といいます。

　土積曲線には次のような性質があります。

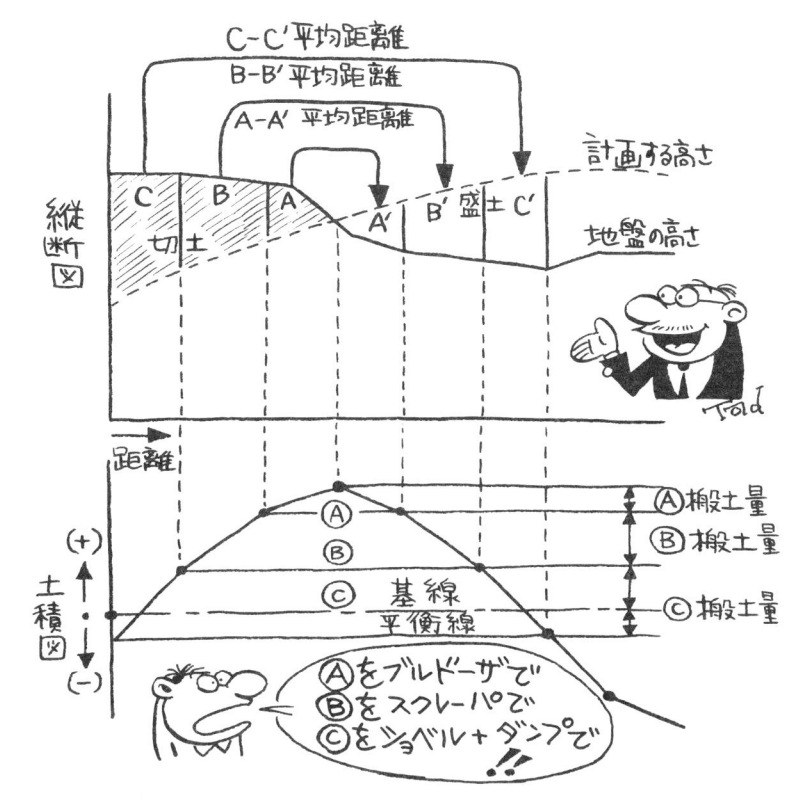

① 曲線の最大値、最小値を示す点は切土から盛土へ、盛土から切土への境になる。曲線の上昇は切土、下降は盛土を表わす。
② 水平線（平衡線）との交点では、切土量と盛土量は等しい。その交点間の距離は切土、盛土相互の運搬に要する距離を表す。
③ 平衡線から曲線の頂点および底点までの高さは、切土から盛土へ運搬すべき全土量を表す。

大規模な土工においては、この土積曲線を利用して土工機械の機種選定および運搬距離、運搬土量なども計画されます。

土量計画および土量配分計画は、工事全体の所要費用と所要時間に大きく関わるため、施工計画の中でも重要なウエイトを占めています。

7 工事に関わる土

地盤に支持層と呼ばれる部分があるそうですが、どんな層ですか？

　文明は地上に巨大な建造物を構築してきましたが、これを可能にしたのはそれらを支える強固な地盤があったからです。例えば、エジプトのピラミッドには1個10tの石が230万個使われており、非常に重い建造物ということができますが、このピラミッドは地盤の上に建設されています。この地盤はピラミッドを支えるのに十分な支持力を有しており、これを建造した人々はそのことをよく知っていたといわれています。このように建造物を支える強固な地盤の部分を支持層といいます。

　日本の都市の多くは、沖積世にできた沖積平野と呼ばれる若い（約6千年前に形成された）軟弱な地盤上にあるので、普通に考えれば大きな建造物は建設できません。そこで、高層ビルなど多くの巨大建造物は基礎杭を沖積層の下にある層まで打ち、その支持力で建造物を支えています。沖積層の下は洪積世にたい積したよく締った砂礫層や少し固い粘土層が交互に重なった構造になっており、この層の最上部の砂礫層を支持層として利用しています。

　大阪の支持層は天満砂礫層と呼ばれ、西大阪平野では深さ20～40mのところに横たわっており、上町台地でほぼ地表面に顔を出しています。東京では東京礫層という支持層があります。

　このようなことから、大きな建造物を建設しようとする場合には、いったい支持層がどこにあるかが大問題となります。そこで、建設予定地の地質図を調べたり、標準貫入試験などを行って支持層を確認し

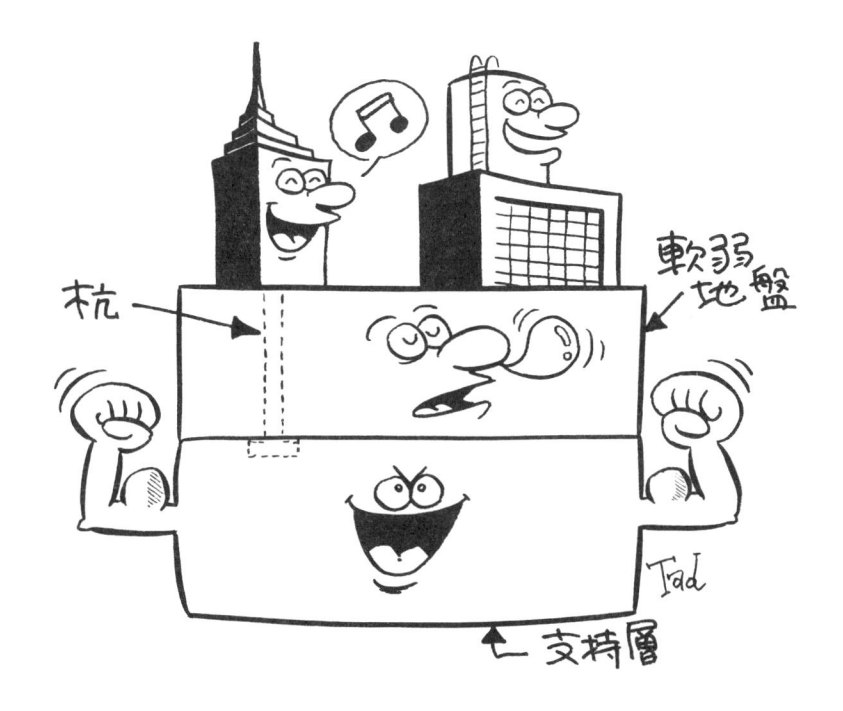

なければなりません。また、同時に支持層の深さとその性質も把握しなければなりません。この調査をもとに、荷重の大小、施工上の難易度、経済性などを考慮し、基礎工事の工種が決められます。

　地盤の支持力はN値で判断されます。N値というのは、重さ63.5kgのハンマを高さ75cmのところから自由落下させ、標準試験貫入用サンプラーが30cm打ち込まれるのに要する打撃回数をいいます。N値は、地盤の支持力ばかりでなく、さまざまな地盤の特性を推定できる指標です。このN値を求める試験を標準貫入試験といい、地盤の調査で必ず行われる試験です。一般に、N値が30以上の層が支持層としてふさわしいものといえます。

構造物を支える基礎工にはどのようなものがありますか？

　ビルや橋などの構造物を地盤の上に建設するとき、地盤に直接、柱や壁を載せると、沈下したり、転倒したりしてしまいます。そこで、基礎を構築して、建物の荷重を分散させて平均に地盤へ伝える工夫をします。このように、地盤が構造物を安全に支えるようにする工事を基礎工といいます。
　基礎工には直接基礎、杭基礎、ケーソン基礎などがあります。
　直接基礎は、地表近くに支持地盤がある場合、杭を用いずに、直接その下の地盤に荷重を伝える形式です。費用が安く、確実な基礎ですが、支持層が浅い場合に限られます。直接基礎には、フーチングと呼ばれる人の足のような形のフーチング基礎と、建物の底面全部を地盤に直接置くベタ基礎があります。フーチングを柱の部分だけにつくると、基礎の部分が独立しているので、それぞれの基礎が別々に沈下（不同沈下）して建物が傾いてしまいます。そこで、基礎の間をはりで連結する構造（地中ばり）にすることがあります。ベタ基礎は地盤に厚いコンクリート版を打ち、その上に構造物を載せる形式です。
　杭基礎は、地盤にたくさんの杭を打ち込み、杭先端部を支持地盤に定着させ、その上に構造物を載せます。荷重の大きい構造物で支持地盤が深いところにある場合に、この方式が選択されます。東京タワーのように背の高い構造物の場合、風などによって構造物が抜け上がるような力が作用します。この場合には、引き抜きに対する処置も必要となります。杭基礎は、杭の製造方法により、工場などで製作された

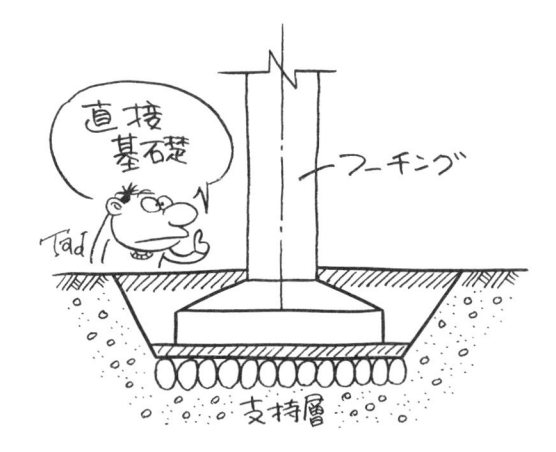

杭による既製杭工法と、現場で造成する杭による場所打ち杭工法に分類されます。

　ケーソン基礎は、あらかじめ大きな筒状の箱（これを"ケーソン"という）を地上で構築しておき、これを土の中に沈めて所定の支持基盤に到達させ、その後、内部をコンクリートや砂によって充てんし基礎とするものです。ケーソンを埋めるときには、先端部を掘削しながらケーソン自身の重みで沈下させます。施工形式によって、オープンケーソンとニューマチックケーソンに分けられます。主に長大橋の橋台などに用いられます。

　基礎工は、深ければ深いほど大きく重い構造物を支えることができますが、逆に工事は大規模になり、費用も高くなります。

　また、軟弱な地盤ほど、深い基礎が必要になります。一般に粘性土地盤は支持力が小さく、沈下が長時間継続するので、不同沈下を生じやすくなります。この場合には、構造物の基礎が一体となるような構造にするか、支持地盤まで杭を打ち込むかの処置を施します。場合によっては、地盤改良をした方が経済的な場合もあります。一方、砂質土地盤は比較的条件はよいのですが、地震時の液状化や、水による洗掘が心配な場合は、やはり深い基礎が必要になります。

土留め工にはどんな施工法があるのですか？

　地表面より下に地下鉄や上下水道の施設あるいは基礎をつくるために、適当な大きさの穴を掘る工事がよく行われます。その穴の中で必要な構造物を建設するわけですが、その作業中に周りの土砂が崩れ落ちてこないようにするための仮設構造物を土留め工といいます。

　土留め工は、一般に土留め壁とこれを支える支保工とからなり、工法により、いくつかの種類があります。

　そのうち一般的なのは矢板式土留め工法で、直接土圧を受けとめる壁として矢板を使います。矢板とは板状の杭のことで、その材料には、鋼矢板、鋼管矢板、コンクリート矢板、木矢板などありますが、耐久性や止水性、リサイクル性から、鋼矢板が最も使用されています。

　しかし、掘削深さが深くなると、土留め壁だけで土砂を支えることは無理なので、いろいろな工夫が必要となります。土留め壁の外側に十分な土地がある場合には、アンカーによって矢板を支えるアンカー式が用いられます。一方、十分な土地が確保できない場合は、向き合う矢板の間につっかえ棒のように切ばりを渡して支える切ばり式とします。これは、最も多く用いられる工法で、深さ30ｍくらいまで適用できます。この方式では切ばり自身が掘削の空間を狭め、また掘削が進むたびに切ばりを施工しなければならないため工期も長くなることから、最近では、剛性の高い鋼材を使用し、切ばりの間隔を広くする工夫がなされています。

　土質が比較的良好なときは、親杭横矢板工法が広く用いられます。

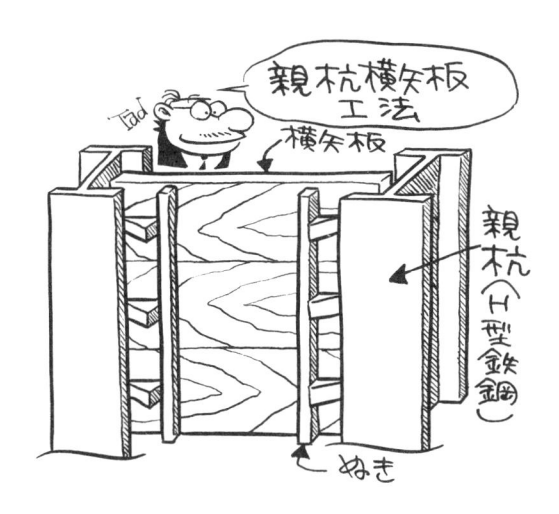

親杭としてH形鋼などを土留め予定線に沿って1～2m間隔に打ち込み、掘削の進行に従って、横矢板を親杭の間にはめ込んで土留め壁にする方法です。横矢板には、木の板が一般的に使われます。

また、都市内の掘削工事の土留め工として、騒音振動などの公害問題に対処するために考え出された連続地中壁工法という工法もあります。この工法は、地下に削孔し、ベントナイト溶液などを満たして、壁面の崩壊を防止しながら掘削して、コンクリートを打設、地中に連続する土留め壁を構築する方法です。他の工法に比べて、大きな土圧にも耐えられるという長所がある反面、コストがかかります。

一般に、掘削深さが1.5m未満のときは素掘りでもよいのですが、それ以上の場合は、必ず土留め工を行うようにします。また、土留め工では土留め壁が破壊しないように注意するのはもちろんですが、地下水位が高い、軟らかい砂地盤ではボイリング（底面から水が吹き上がってくる現象）に、軟弱な粘土層ではヒービング（底面の土が盛り上がる現象）にも注意が必要です。これらの現象が起こりそうな場合には、土留め工を掘削面よりもかなり深く打ち込むなどの対策が必要となります。

7 工事に関わる土

土工事中に発破をかけるか、否かはどうやって決められるのですか？

　爆薬によって岩石を破壊することを発破といいます。発破は、造成工事など伴う明り発破（"明り"とは、坑外を指す現場用語）と、鉱山開発やトンネル工事などに伴う坑道発破がありますが、いずれも岩石の破砕による掘削が目的です。

　比較的広い場所の軟岩や中硬岩に対しては、大型ブルトーザの排土板後部にリッパと呼ばれる爪を取付け、その打撃により岩石を破砕する方法がとられますが、大規模な硬岩の掘削には、発破による方法が最も一般的かつ経済的な手段です。

　発破で最も普通に使われる爆薬はダイナマイトです。ダイナマイトはニトログリセリンをけいそう土・綿火薬に染み込ませた爆薬で、1866年にスウェーデンのノーベルによって発明されたことは有名です。その他にも、ANFO（硝安油剤爆薬）、低爆速爆薬などの爆薬が使用されます。

　明り発破では、発破によって上部から順に階段状に掘削面を爆破していくベンチカットという方法が、現在、最も多く採用されている施工法です。この発破の特徴は、爆破効率がよくて、安全性も高く、機械化が可能なので大量に掘削を行うことができるという点です。

　トンネルを掘削する際の坑道発破では、まず最初に切羽の中心付近に適当な大きさの空洞をつくる発破を行います。この発破作業を心抜き発破といい、この発破によって新たにできた自由面を利用してさらに発破を行って掘削を進めていきます。ここで、爆薬を装てんしない

穴をいくつかあけておくやり方があります。これをバーンカット工法といい、穴をあけることによって自由面を増やす方法です。自由面とは、発破をかけられて破壊される岩石などが空気に触れる面をいいます。この自由面が多いほど発破の効率がよいのです。

　その他に、岩石の大きな塊を小さく粉砕する小割発破、水中で行う水中発破などがあります。水中発破は、港湾や河川などの障害物の除去、橋脚の基礎や漁礁をつくるため、あるいは地震探査のために行われます。水中では、水深が10m増すごとに1気圧の圧力が加わるので、爆破による圧力が小さくなります。ものによっては爆破が中断するものもあるので、耐水圧性のものを使用する必要があります。

GPSが、土工事でも使われているって本当ですか？

　GPSとは、Global Positioning System（全地球測位システム）の略で、高度2万kmに打ち上げられた人工衛星を使って、地球上の任意の位置を測位するシステムで、もともとはアメリカ国防省が軍事目的で開発したものです。この人工衛星の数々の情報は、PコードとC／Aコードの2種類にコード化されて地球上に送られます。このうち、Pコードは軍事用ですが、C／Aコードは民間に開放され、誰でも自由に、しかも無償で利用することができます。

　私たちに最も身近なGPSの利用は、昨今、普及めざましいカーナビゲーションシステムです。自分が今どこを走っているのか、あるいは目的地はどう目指せばよいのかなど、車を運転する上で、非常に有用な情報を即座に確認することができます。また、地震や火山噴火の前兆にともな地殻変動をキャッチするために、全国150箇所ほどのGPS定点観測が行われています。

　こうしたGPSは、建設工事では、新しい測量技術として各方面で研究・利用されてます。従来の測量方法に比べると、①1人でもできる、②受信機を増やせば多点同時計測が可能となる、③広域で、しかも三次元地形測量が瞬時に可能となる、④24時間リアルタイムの計測ができる、などの利点があります。これは、大規模な工事になればなるほど、その利点が十分に発揮されます。

　例えば、人工島、海上空港や軟弱地盤での大規模な土地造成などの工事では、盛土や切土などによる地盤の変動や盛土自身の動きを正確

かつ迅速にとらえられれば、その情報をもとに、盛土の割増し具合や沈下対策の早期予測ができます。さらに、こうしたデータをコンピュータを用いて管理すれば、出来形管理や土量管理がリアルタイムに、しかも総合的にとらえることができるようになります。

　今現在は、実際の利用にはいくつかの課題があるのも現状です。第一に、電磁層や時計の影響など各種の誤差要因によって、作業効率の点や精度の点で問題があること。第二に、測量したい場所の周辺が木などで囲まれていると、衛星を捕らえることができないため、機能しないことなどが挙げられます。

　しかし、将来的にはGPSの利用は、さまざまな分野に広がることでしょう。環境さえ整えば、その計測誤差は実距離100kmあたりで数mmと実に高い精度をもっているのですから。

災害・環境に関わる土

大都市の地盤沈下はどのようなことが原因で起こるのですか？

　関東平野や濃尾平野などに点在するゼロメートル地帯（海抜0m以下の低地帯）は、おもに地下水の異常くみ上げにより生じた地盤沈下地帯であるといえます。かつて、関東平野ではカスリーン台風、濃尾平野では伊勢湾台風によって、地盤沈下地帯が甚大な洪水被害を受けました。地盤沈下自身が非常にゆっくりと広い範囲で起こるために、大雨や台風に襲われ、洪水になってはじめて、自分たちの土地が海面や川の水面より低い場所になってしまったことに気づくことになります。

　ゼロメートル地帯の地盤の下には、豊富な地下水を含んだ砂礫層とそのまわりの粘土層が厚くたい積しており、はじめは、この砂礫層中の地下水だけで、地下水利用がまかなわれていました。ところが、地下水利用がすすみ、砂礫層中の地下水が枯れてしまうと、今度はそのまわりの粘土層に付着している水分までもくみ上げるに至たり、その結果、粘土層に圧密収縮現象が起こり、その上にある地盤が沈下してしまったのです。

　このため、1970（昭和45）年ごろから、地下水のくみ上げが規制されるようになりました。そのおかげで大都市の地盤沈下もようやく沈静化に向かっています。しかし一方で、積雪地域では、消雪装置（地下水を道路に散水して雪を解かす装置）による地盤沈下が新たに問題になっています。

　そして、土木工事に伴って都市部での近接環境へ地盤沈下を起こす

建設公害の例も社会的に問題になっています。特に、開削工事に伴うもので、揚水による粘性土の圧密、土留め壁の変形、不十分な埋戻しなどにより沈下が発生します。その他にも、シールド通過に伴うシールド後部とセグメントとのクリアランスなどで周辺地盤が沈下したり、過剰薬液注入による地盤隆起などにより地盤変形を生じることがままあります。このため、土木工事により沈下が予想される場合は、事前に地質調査を十分に行うことが必要です。ここでは、各種土質調査により沈下量を予測することはもちろん、過去における条件の類似した工事に関する文献や資料などの中に大きなヒントが隠されていることも見逃してはなりません。

　地盤沈下がやむをえず起きてしまい補償問題に発展する可能性を考慮し、周辺の現状調査や家屋調査も必要です。もちろん、施工中は変動を観測し、異常が発生したときには、保全措置を講じなければなりません。

ときどき地下掘削工事現場で酸欠による事故が起こりますが、どうしてですか？

　1960年代以降、東京や大阪をはじめとする多くの都心部で、ライフライン、道路、鉄道といった地下構造物の建設工事が盛んに行われてきました。それに伴って、地下掘削時の酸素欠乏による窒息死が多発しました。

　酸素欠乏による事故は、本来、水で満たされていた砂または砂礫層が工場やビルの地下水の過剰揚水などで地下水位が低下したため、空気が入り込むようになったところに起こります。

　こうした乾いた砂または砂礫層には、還元性の鉄（第一鉄化合物）が眠っています。還元性物質は、酸化化合物（空気等）から酸素を奪い取る物質です。地下掘削工事がこうした層に達すると、そこに空気が供給され、今まで還元状態にあった鉄が多量の酸素を消費して第二鉄化合物に変化します。このような還元物質を大量に含んだ砂は1tあたり300ℓの酸素を吸収します。このため、その付近の空気は酸素を失って酸欠空気になってしまうのです。

　このほか、バクテリアによる酸素の消費、メタンガス、炭酸ガスの充満による酸素の置換も酸素の欠乏の原因となります。

　酸素が人間にとって、いかに大切なものであるかは言うまでもありません。酸素の欠乏は、目に見えるものでもなく、また臭いがでるものでもないため、非常にやっかいで危険な現象です。通常の大気中の酸素濃度は、約21％です。これが16％以下になると、顔面の蒼白または紅潮、息苦しさ、めまい、頭痛などの症状が現れ、さらに濃度が

薄くなると、意識不明、呼吸停止に至ります。2分以上脳に酸素が供給されないと、その機能は完全に停止するといわれています。たとえ死に至らなくとも、多大な後遺症を人体に与えます。

　こうした酸欠事故は、地下工事現場から離れた周辺部などにも及ぶことがあります。例えば、湧水を抑える目的で圧気工法などを用いると、押し出された空気が砂礫層を通って無酸素化され、ビルや他の掘削場所の亀裂やすき間などから酸欠空気が侵入し、事故に至るケースもあります。

　このような酸欠空気による事故を防止するために、昭和47（1972）年、労働安全法に基づく労働省令で、酸素欠乏症防止規則が施行されました。この規則は空気中の酸素が18％未満の空気を吸入することによって生ずる酸素欠乏症を防止することを目的としており、作業環境測定、換気、酸素欠乏危険作業主任者の選任および職務などについて規定しています。

道路の舗装に突然大きな穴があくことがありますが、原因は何ですか？

　普段，私たちは舗装の表面しか見ていないので、その下がいったいどうなっているのかあまり関心がないものです。実は、舗装はいくつかの層から構成されている構造物です。表面は表層といい、人や自動車を通すためにその道路の交通量に応じて、アスファルト混合物（アスファルト舗装）やコンクリート（コンクリート舗装）でつくられています。その下には路盤といって、砂利を20～40cmの厚さに締め固めた層をつくります。路盤は、表層にかかる力を分散してその下の路床に伝えるとともに、表層を均一に支える役割を持っています。舗装の最下層は路床と呼ばれ、盛土や切土あるいは原地盤の上部です。

　舗装は、交通荷重に伴って、多くは表層部分がへこんだり（わだち掘れ）、ひび割れが生じたりして徐々に破壊していきますが、まれに路盤や路床が先に破壊して、大きな空洞が発生することがあります。

　この原因としては、舗装の下につくられた大型構造物や埋設物を埋め戻した後、その締固めが不十分で沈下したり、上下水道などの埋設物が破損して流出した水が地盤の土砂を流しとり、その空洞部分が路盤・路床に上がってくるなどがあります。また、コンクリート舗装においては、降雨時に車輪が目地を通るたびコンクリート版を叩いて、その下に侵入した水をポンプのように押し出す、ポンピングと呼ばれる現象があります。そのとき水といっしょに路盤の土砂を押し出すので、コンクリート版の下に空洞が生じてしまいます。

　舗装の表層は比較的丈夫な材料でつくられているので、多少の空洞

があっても表層だけで車輪の重さに耐えることできます。しかし、放置しておくと空洞が拡大していき、車が載ったとき突然舗装に穴があいて事故になることがあります。このような陥没事故は6月から8月に、その発生時刻は多くは日中に起こります。つまり、路面温度が高くなり、表層のアスファルト混合物がやわらかくなって、車輪を支えきれなくなるためです。

　このような舗装下の空洞が注目されたのは、昭和63（1988）年に東京都中央区に相次いで発生した陥没事故です。これを契機に、建設省や東京都は主要道路を対象に空洞調査を実施するようになりました。

　表面から肉眼で舗装の下の空洞の位置や規模を知ることはできないので、地中レーダーを用いて調査を行います。電磁波を放射し、舗装下に空洞があれば電磁波の反射でわかる仕組みで、原理は魚群探知機と同じです。近年、このような地中レーダーによる調査を、一般の交通の流れをじゃますることなく行えるような空洞探査車が開発されました。このような調査は、現在全国的な規模で定期的に実施されており、特に都市部において、今まで見過ごしてきた空洞が発見され、事故防止に役立っています。

地盤の液状化とはどのような現象ですか？

　液状化現象とは、簡単にいえば地震の揺れによって、地盤が地下水と砂粒子が混合した液体になってしまうとともに、これが地上に噴き出す現象です。

　昭和39（1964）年の新潟地震のとき、5階建ての県営アパートが傾くなどの被害があり、その原因として注目されました。わが国は、有数の地震国であり、しかも島国であることから海岸線付近の砂地盤の上に都市の多くが存在しており、最近では、大きな地震が起るたびに液状化現象による被害が報告されています。

　液状化現象は、どこの場所でも起こるというわけではありません。当然、岩盤上では起こりませんし、起こりやすそうな砂地盤であっても地下水位が低ければ発生しません。

　そのメカニズムに触れてみましょう。

　砂地盤は、普段、砂粒子がゆるく詰まった状態で、その間を水が満たしています。そこに地震による激しい揺れが加わると、ゆるく詰まっていた砂粒子がばらばらになります。このとき地下水があると、この水と砂粒子が混ざり合って泥水のようになります。これが液状化の状態です。このようにして地盤は液体と同じ状態になるので、その上にある構造物の重いものは沈み込み、軽いものは浮き上がっていきます。そして、液状化によって、砂粒子が支えていた建物などの重さが、間隙水にかかってしまい、水圧が上昇してしまいます。この水圧を過剰間隙水圧といい、その圧力によって上の層の弱い部分が破壊し、そ

こから水が砂とともに噴き上げられる噴砂や噴水といった現象が見られます。

　液状化の被害としては、建物の不同沈下、マンホールやパイプラインなどの浮き上がり、杭の折れ曲がり、盛土の崩壊、地すべり、地盤の移動、噴水による床上浸水などがあります。平成7 (1995) 年1月に発生した阪神・淡路大震災のときに、液状化現象により、人工島であるポートアイランド、六甲アイランドでの地盤の陥没が起こり壊滅的な被害を受けました。

　このようなことから、大阪や東京などで液状化予測マップが作成されました。しかし、阪神・淡路大震災のときは、予想以上の揺れのため、従来の見方では液状化が起りそうにない場所でも液状化の被害が報告されており、液状化の起りやすさは地震の大きさによっても異なることが分かってきました。

　このような液状化現象による被害を防ぐために、セメントや石灰で地盤を固める方法、地盤を液状化しにくい土にそっくり置き換える方法、基礎杭を地盤深く打ち込む方法、あるいは構造物のまわりにシートパイルを設置し地盤の変形を抑える方法、地盤中に間隙水圧の逃げ道をつくる方法など、いろいろな対策が考えられています。

地盤の側方流動とはどのような現象ですか？

　側方流動とは、何らかの作用がきっかけで付加的な作用がなくても地盤が水平方向に移動し、つまり流動し、土構造物や地盤上、地盤内に建設された構造物に被害を生じさせる現象です。この場合、流動といっても非常に緩やかなもので、1日単位で移動しているのがわかる程度です。

　一般に地盤は硬いもので、水や練り歯磨きのなどのように流動することは考えにくいことです。しかし、地盤内の土が部分的に破壊して、その破壊が徐々に広がっていって、最終的に大きな破壊となり、それが大きな水平変形、すなわち流動となることがあります。このように破壊が徐々に広がっていく現象を進行性破壊といいます。側方流動は、軟弱地盤の進行性破壊の一種です。

　側方流動で典型的なものは、軟弱地盤上に盛土をした場合に現れます。盛土自体は破壊しないのですが、その下の地盤が大きく沈下し、その土が盛土の側方に流動してのり尻が大きく盛り上がることがあります。極端な場合には、前日盛土した土が翌日になったら消えていたということも起こります。このような現場では、土をいくら盛っても沈み込んでしまう一方で、その周辺が盛り上がっていくので、お化け丁場などと呼ばれています。

　この原因は、軟弱地盤が盛土の重さに耐えきれず部分的に破壊し、それが徐々に進行していって、時間をかけて破壊していったためです。このような軟弱地盤の工事では、地盤から強制的に水分を抜いて圧密

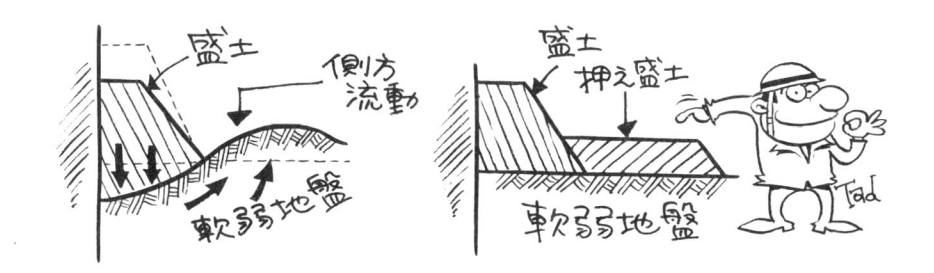

を早めたり、地盤をセメントなどで固めて強度を上げる方法があります。また、側方流動を抑えるために、盛土ののり先に別の低い盛土を施工して、盛り上がりを抑制する工法があります。これは押え盛土といい、経済的で有効な方法です。

　地震時に発生する液状化に伴い、地盤が水平方向に数メートルも移動する現象のことも側方流動といいます。盛土の例と違い、この現象は非常に速い速度で起こります。古くは昭和39（1964）年の新潟地震、昭和58（1983）年の日本海中部地震でも発生しており、傾斜勾配が1％程度のほぼ水平とみなせるような緩い砂地盤で、数メートルから10mも流動したと報告されています。

　また、平成7（1995）年の兵庫県南部地震では、臨海部の埋立て地などで、護岸の傾斜に伴い背後の水平地盤が水平方向に大きく移動してしまいました。地盤の壁になっていた護岸が大きな地震動で安定を失い海側にせり出し、護岸の背面で液状化した地盤が水平方向に大きく動いたものです。護岸から150mもの範囲で大きな変位が生じており、護岸から300mも陸側で側方流動が原因と思われる水平変位が残っていたと報告されています。

　液状化によって土のせん断強度が極端に減少するため、緩やかな斜面でも側方流動が生じます。基本的な対策は、とにもかくにも地盤の液状化を防止することです。

山を削り取ったあとのがけは見るからに危険そうなのですが、大丈夫ですか？

　車で山道を抜けて行くと、ときどき山肌があらわで急ながけの下を通ることがあります。見上げると相当な高さがあるときなど、崩れないか心配になりますね。このようながけは、なぜ崩れ落ちないのでしょうか。また崩れないようにするには、どのような対策があるのでしょうか。

　山の土は砂や粘土あるいは岩石でできています。これらは結局、土粒子の集まりです。土粒子がくっ付いていないサラサラの土で山をつくったとき、その裾野の斜面と水平面とのなす角度はおおよそ決まっています。この角度を安息角といいます。裾野の土を削ってがけをつくろうとしても、崩れて結局この角度の斜面ができます。安息角は土粒子同士の摩擦の強さによって決まります。安息角よりも角度の大きい斜面、すなわち、がけはできません。ところが、土粒子同士が何らかの作用によってくっ付くようになると、斜面の角度は大きくなります。

　砂山を高く盛ろうとしたら、いくらか水を混ぜて土粒子同士を接着させることが一つの方法です。このような土粒子同士の接着力を粘着力と呼びます。粘着力が大きいほど、また粒子間の摩擦が大きいほど斜面の角度は大きくできます。粘着力が大きくなる原因としては、粒子の周りにある水の作用、粒子同士の化学的な結合などがあります。粘着力が極端に高い土が岩盤です。

　さて、山の大部分の土は岩盤ほど粘着力が大きくはありませんし、

劣化や水の浸食などもあって斜面はいずれ崩壊する運命にあります。地震の作用や大雨による水の作用によって、がけ崩れが発生します。このようながけ崩れを防ぐ方法がいろいろ考えられています。がけ崩れは、水が土の中に貯まることで発生することが多いので、水が貯まらないようにするのが1つの方法です。これを抑制工といい、排水施設を整備したり、斜面をコンクリートブロックなどの構造物で覆うなどの方法があります。また、斜面に植物を植えてその根の働きで斜面を強化する方法も有効です。

　もう1つは斜面自体が崩れないようにするもので、抑止工といいます。斜面の角度を緩くしたり、アンカーを斜面に打ち込んで押さえるなどの方法があります。また、擁壁といってコンクリートの壁をつくる方法もあります。全面的ながけ崩れだけでなく、斜面の一部が崩壊して落石が発生することがあります。落石を防止するためには、斜面に網をかけたり、柵を設けたりします。また、崩れ落ちそうな部分をあらかじめ削るなどの方法もあります。

地すべりの総合的な対策は、どのように進められていますか？

　がけ崩れなどの崩れは、急な斜面が砕けてしまう現象であり、がけ崩れが大量の水を伴っている場合に土石流や泥流になります。いずれも、急斜面で起こり、土砂の移動速度は速く、比較的短時間で現象自体が終息します。

　一方、地すべりは、地下水が入り込んで、斜面の一部分が他の部分との間の境界面で分離して、一度に広い範囲の地面がその境界面ですべる現象です。緩やかな斜面でも起こり、その速度も比較的ゆっくりです。また、継続性、再発性が高いため、二次災害の危険性を引き起こすこともあります。地すべりは、斜面の角度などの地形的な条件、土の粘着力や内部摩擦角などの土の性質、さらに地下水などの条件が組み合わされて発生します。

　平成元（1989）年、長野市地附山で大規模な地すべりが発生し、山の中腹にあった老人ホームや裾野の新興住宅地が土砂に呑み込まれてしまいました。この地すべりは比較的緩やかに起ったので、幸いにして人的な被害はありませんでした。しかし、テレビ中継されたその映像は、動き出した地盤の底知れぬ力をまざまざと見せつけるものでした。

　地すべりの発生する地質は限定されており、第三紀層、破砕帯、温泉地の3つに大別できます。

　第三紀層地すべりは、グリーンタフ地域と呼ばれるところで、比較的若く風化しやすい泥岩、凝灰岩が原因となって発生します。豪雪地帯である青森、秋田、山形、新潟、富山、石川の各県でみられます。

破砕帯地すべりは、断層運動によって岩石がもまれて粉々になったところに水が入り込み、その水によって軟らかくなった粘土が原因で発生します。このような地すべりの多発地帯は、おおよそ中央構造線に沿って分布しています。

　温泉地すべりは、火山地帯の温泉作用である熱水噴気、硫化物により、硬い火山岩が粘土化（温泉余土）していくことにより起こります。有名な温泉地である箱根がその代表です。

　このような地すべりしやすい箇所は全国で調査されています。その数は、全国でおよそ2万箇所以上にのぼります。しかし、さまざまな制約条件から、すべての箇所で十分な対策工ができるわけではありません。しかし、最近、地すべり斜面をモニタリングするための地すべりセンサを設置した自動監視システムの導入が注目されています。移動量の計測だけでなく、警戒避難体制の整備などソフト面と組み合わせた総合的対策が進められています。

毎年のように被害者を出す土石流はどうして起こるのですか？

　1996（平成8）年、長野県小谷村で河川の災害復旧工事の作業中に土石流が発生し、作業員が巻き込まれるという災害が発生しました。1997（平成9）年にも、鹿児島県出水市において大規模な土石流が発生し、集落を襲いました。

　急斜面において厚い風化層、堆積層などがたっぷり水を含んだ場合に、そこが崩壊すると土砂と水が混ざり合って流動し、底面や側面を削りながら土量を増やして、規模を拡大しながら流下していきます。このような崩壊現象が土石流です。

　土石流の先端部は、巨石や流木を持ち上げながら流動し、それが背後の泥水のかさを上げて、再び流れ落ちて石や礫を押し上げるというダイナミックな動きを繰り返しています。中には数 t に及ぶ巨大な岩石も一緒に流されることがあり、そのエネルギーは相当なものです。

　長崎県の雲仙・普賢岳の噴火以降、水無川、湯江川流域で土石流がたびたび発生し、家屋の埋没破壊や、鉄道・道路などが寸断される被害がありました。この時の流出土砂量は、多いもので40万 m^3 にも達しました。この土石流は、火山の噴火によって大量に降り積もった火山灰に大量の雨水が供給されて生じた結果です。

　土石流は、急斜面において軟らかい粘土層に水が含まれても、常に発生するものではありません。適当な土の量と、水の供給のバランスで起ります。土の量が少ないと洪水になり、水の量が少ないと小規模な崩壊にとどまり、あまり発達することはありません。一般的に、山

腹斜面の角度が15°以上の急勾配で発生します。発生した土石流は、勾配が2〜3°くらいにならないと流れは止まりません。

　土石流の速さは、斜面の傾斜や水の量によって異なりますが、速いものは時速60km以上にも及びます。また、土石流は直進する性質が強いので、多少の障害物があっても曲がらずまっすぐ流れ、ときには対岸の山までかけあがることもあります。こうして当たるものはことごとく破壊して地形を変えていきます。このような衝撃力が一瞬にして下流に押し寄せるため、避難が間に合わずに人が巻き込まれる事故が多いのです。

　対策としては、発生源となる小さな崩壊を防ぐ方法、河床や河岸の削り取りを防ぐ方法、砂防ダムなどによって長い区間の河床勾配を緩やかにする方法などがあります。砂防ダムは衝撃を緩和する機能もあります。土石流の頻発するところでは、その通り道の上流にワイヤーを張っておき、土石流がそのワイヤーを切断することによって土石流の発生を感知するワイヤーセンサを設置する方法もあります。

　山鳴りがする。雨が降り続いているのに川の水位が下がる。川の流れが濁ったり流木が混ざりはじめる。以上のような、土石流が起こる前兆を見極めることも大切です。

水資源としての地下水の抱える問題にはどのようなことがありますか？

　水資源として地下水は非常に魅力的です。飲料水としてもその他の用水としても水質が良く、水量も安定しています。年間を通じて水温が一定（年平均気温にほぼ等しい）なので、夏は冷たく冬は温かく感じます。また、自分の土地の地面から採水することができるので、水利権の問題がないし、導水設備も簡単なもので済みます。

　ところが、わが国は欧米に比べ地下水が豊富なこともあって、その利用には慎重さが欠けていました。そのつけが今いろいろなところで問題になっているのです。

　地下水は、降水が地下に浸み込み（涵養）、地下を流れ（流動）、川や海に流れ（流出）出ていきます。その間に井戸などからくみ上げられて（揚水）利用されることもあります。このようなサイクルは水文循環といわれ、人工的な揚水が小さければそのような影響を吸収して、自然にバランスしています。しかし、ある限度以上の揚水は地下水の枯渇とそれに伴う各種の障害をもたらすことになります。

　地下水の問題に対しては基本的に、水量、水圧、水質の3つの要素を考えていかなければなりません。地下水を利用する場合には水量に余裕がなくてはなりません。地下水の涵養可能な量を超えて揚水すると、地下水圧を低下させ井戸の枯渇や地盤沈下をもたらします。

　海岸付近においては、地下水圧が低下すると海水が逆に地下に浸透して塩水化という水質問題になります。地下水の塩水化は深刻な問題で、北海道から沖縄まで全国の海岸でその被害が見られます。オラン

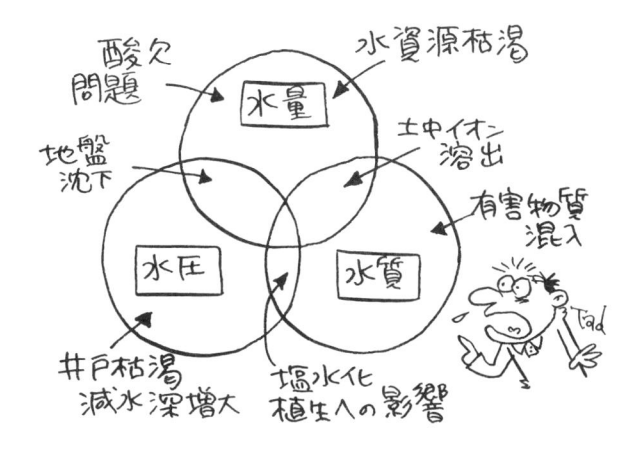

ダでは早くからこの問題に取り組み、地下水の塩水化の状況を観測する一方、地下水の人工涵養を行って地下水圧の低下をおさえています。運河の水位が高いのはこの効果を期待しているのです。また、地下水の流動量が少なくなると土の中のイオンが溶出し、水質が悪化することになります。土壌に塩素イオンが吸着すると植生に悪影響を及ぼします。いったん吸着した塩素イオンを洗い出すことは容易ではなく、その影響は長期間継続します。

　トンネルなどの建設工事によっても、坑内の湧水によって周辺の地下水圧が低下し、井戸の枯渇や池や湖の水面低下を招くこともあります。シールド工事における酸欠問題も地下水位の低下がもたらす障害のひとつです。

　地下水の開発、保全のためには地下水の実態と挙動を把握することが必要です。これに関してはコンピュータによる数値シミュレーション手法が注目されています。また、地下水の管理には、揚水の限界量を合理的に決めることも必要です。その要件は地下水位低下に伴って生ずる障害が、住民に与える経済的不利益と、地下水のくみ上げによる利益を考えて決められなければなりません。

地下ダムってどのような用途で使われているのですか？

　日本の年平均降水量は約1 750mmで、世界の平均の約2倍です。その総量は6 600億m^{3}で、私たちはそのうち河川水から770億m^3、地下水から130億m^{3}を利用していますが、それはたかだか総量の14％にすぎません。日本の地下水は豊かで，火山性の土質のゆえに質も良いといわれています。このような地下水を有効に利用するために考え出されたのが、地下水を貯めておくために地下にダムをつくるという発想です。

　地下ダムの構想は、昭和18（1943)年、那須野原の水利用計画論の中で湧水を阻止する壁として示されたのが最初です。

　地下水は土の粒子の間の空隙の中をゆっくり移動していますが、空隙の大きな土からなる地盤や地形が急なところでは、地下水位の季節変動はかなり大きくなります。そこで、地下水の流れをせき止めて地下水位を高め、地下に大量の地下水を貯留させるのです。また、海岸付近では地下水位の低下による海水の地下水への流入を食い止める効果もあります。

　地下ダムをつくることのできる条件は、①地盤の中の透水層が適当な厚さを持ち、遮断してダムをつくれる程度のものであること、②ダムによってせき上げられた地下水が横方向に逃げないように透水層が谷間になっていること、③もとの地下水位が低くて水位を上昇させる余裕があること、④くみ上げても上流からの補給があること、⑤地下水の移動が速いことなどです。

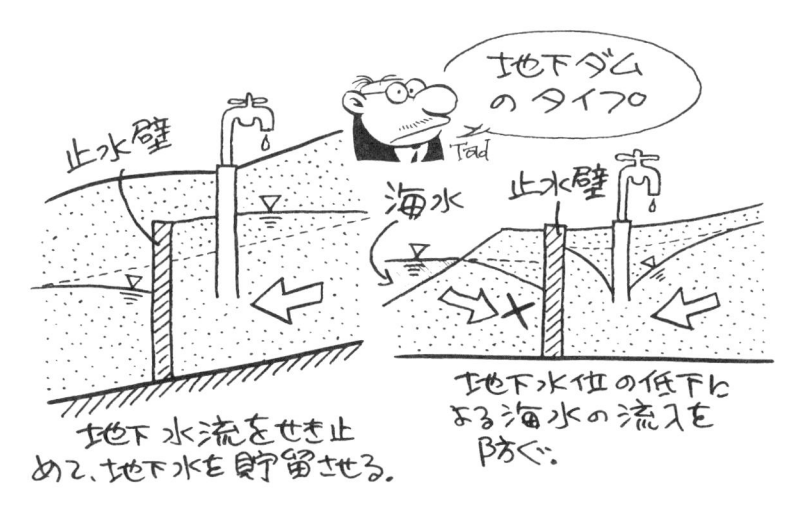

図中手書き文字:
- 地下ダムのタイプ
- 止水壁
- 海水
- 止水壁
- 地下水流をせき止めて、地下水を貯留させる。
- 地下水位の低下による海水の流入を防ぐ。

　河川のダムと比較した場合の利点としては、水没する土地の心配がなく、安全で、建造費も安いことが挙げられます。一方、問題点としては、地下水位を上げて地下水を貯めても、土の中の水を全部利用できるわけではなく、砂礫層のように最も貯留効率の良い地層でも、土の体積のせいぜい15％程度しか貯留できないということです。さらに、地下に十分な止水性を持つ壁を経済的につくることは容易ではありません。ダムの施工は、粘土やセメントを地下に注入して止水壁をつくることによって行われますが、施工上の困難さからあまり高いダムは無理で、20～30mぐらいが限度であるとされています。

　昭和48（1973）年、長崎県野母崎町に飲料水の確保の目的で、延長60m、高さ26mの地下ダムが建設されました。この地下ダムは、海岸のそばの埋没谷の砂礫層を横切るように建設されています。その後、地下水位が次第に低下してきたので、昭和55（1980）年に改良工事が施されています。また、沖縄県宮古島では、昭和54（1979）年に延長500m、高さ16.5mの止水壁が粘土・セメント注入工法でつくられました。このダムは多孔質で不透水性の高い半固形状の琉球石灰岩層の中につくられています。

最近よく耳にする大深度地下空間ってどのくらいの深さのことをいうのですか？

　最近、"都市の地下空間を有効に使おう"ということに対する関心が急激に高まりつつあります。その理由として、第1に「土地は生産したり移動したりできないということ」、第2に「すでに開発が進んでいる地上だけでは連続して使える土地には限りがあるということ」が挙げられます。

　東京のように大都市に大きな機能が集中してしまうと、すべての事務所や住宅地が平面的にまとまるためには限界が生じます。そこで、不足した土地の上方と下方に目が向けれました。しかし、上方の空間を利用するためには、何らかの構造物をつくる必要があり、また、日照権などの現在の土地利用の態様との調整をクリアしなければなりません。この点、下方に目を向けた地下空間は、自然地盤が利用でき、温度や湿度が一定していて、気象条件の影響を受けにくいなどの安定性を持っているためにかえって利用しやすいと考えられているのです。

　また、例えば新たに道路や鉄道を建設しようとした場合に、これを地上で行おうとすると、その路線の一部がすでに工場や宅地などに利用されている場合には、これらをつぶしたり移転させたりしなければなりません。新たに地下空間を利用する場合にはこのような問題もなく、ある程度深い空間であればかなり容易に連続した空間を確保できるのではないかという期待があるのです。

　現時点でも、下水道や地下鉄など、地下50m程度までの空間は普通に利用されています。大深度地下空間といった場合には、普通

50 mよりも深い部分を指しますが、何mまでをいうのかについては決まりがあるわけではありません。一般には、現在の土木建築用の構造物の基礎に影響を及ぼさない程度に深い地下空間であり、この基礎の支持層の10～20 m以深、首都圏の場合で50～150 m程度の深さが対象となります。

都市の機能のどの部分を大深度地下に持っていくのかについては、現在も専門家の間でいろいろな議論が交わされているところです。ある人は居住空間こそ地下に持ち込み、広いスペースで快適に生活をすべきであると考え、また、ある人は太陽の光の届かないところでの生活は人間の情緒を不安定にしたり、医学的にも身体に良くないので、オフィスや道路の一部を地下へ移すべきだと考えたりしています。

このような大深度地下空間を有効に活用するためには、一様ではない地盤を低公害で掘削し、大量の掘削土砂の適切に処理し、最終的に大きな土圧、水圧を支えられる空間をつくるという技術的な問題のほかに、経済性、環境対策、法律上の問題など解決しなければならないことがまだ山積しています。

大きな社会問題である土壌汚染の原因は何ですか？

　近年、市街地の再開発に伴い、工場跡地や研究機関跡地などから六価クロムや有機塩化化合物などの有害物質による土壌汚染、過剰な農薬使用による土壌汚染などが大きな社会問題となっています。

　これらの汚染土壌の有害物質は、地下水を通じて、あるいは雨水とともに流出し、農作物などの植物に吸収されます。その植物を食べる動物などを通して、人の体内に取り込まれ蓄積され、深刻な健康障害をもたらします。物質によっては汚染源から遠く離れた場所へ及ぶものもあります。

　本来自然界に存在する化学物質は、自然な状態では生態系への影響はほとんどありません。汚染物質の多くは自然界に存在していなかったものです。汚染物質の中でも、難分解性、生物濃縮性の物質が問題となります。つまり無毒化されにくく、生物が体内に取り込むと蓄積されてしまう物質です。

　わが国でも、戦後の高度成長に伴い、数多くの土壌汚染の被害が発生しました。これらを教訓として、土壌汚染の防止にいくつかの法律が制定されました。

　汚染物質の多くは、「廃棄」によって環境に進入してきます。廃棄物の発生量は、近年の著しい産業の発達や人口増加と都市集中化などによって膨大なものとなっています。これに対し、「廃棄物処理法」「水質汚濁防止法」などの関係法令より発生源対策が講じられ、廃棄前に汚染物質の除去処理が行われるようになりました。

一方、農用地における過剰な農薬の使用も土壌汚染の原因とされ、「農用地の土壌の汚染防止等に関する法律」の制定などにより土壌汚染防止対策が講じられています。
　さらに、土壌汚染の把握、健康被害の防止のために、2003（平成15）年に土壌汚染対策法が施行されました。
　しかし、完全に除去できないやっかいな物質の廃棄、突発的な事故による有害物質の流出、あるいは、一度汚染されると長期間留まる蓄積性汚染のため、関係法令施行以前の農薬の過剰投与、廃棄物の埋立、汚水の漏洩などに起因する土壌の汚染は未だに解決されていません。
　こうした汚染された土壌対策として、地盤改良が行われます。以前は、汚染された土壌をそのものを入れ替える置換工法が行われていましたが、環境保全の立場から急速に使用されなくなりました。そこで、高濃度に汚染された土壌については、専門処理業者に委託し、焙焼などの処理を行い、高濃度汚染土壌以外は、コンクリート槽などによる封じ込め処理を行うなどの対策が行われています。

建設発生土の問題について教えてください。

　建設工事によって副次的に発生するものとして、工事現場外に搬出される土砂（いわゆる建設発生土）、コンクリート塊、アスファルトコンクリート塊、木材、金属、ガラスのくずなどさまざまなものがあります。これらをまとめて建設副産物といいます。
　建設副産物は、建設廃棄物と再生資源に分類され、それぞれ「廃棄物の処理および清掃に関する法律」（昭和45年制定。以下「廃棄物処理法」）と「再生資源の利用の促進に関する法律」（平成3年制定。以下「リサイクル法」）によって、副産物の処理に関する法律が定められています。
　建設発生土は、建設廃材などが混入していたり、含水率が高く泥状（ダンプトラックに山積みできず、またその上を人が歩けない状態）の場合を除けば、基本的には廃棄物処理法上の廃棄物から除外されます。しかし、リサイクル法において、その発生を抑えるとともに工事において利用に努めるべき再生資源であるとされており、その種類を第1〜4種および泥土に分類して再利用に関する用途を定めています。
　国土交通省が平成12年度に行った調査によれば、全国の工事現場から搬出された建設発生土は約2億8000m^3、東京ドーム230杯分にも相当する膨大な量となっています。このうち約89％が公共土木工事、8％が建築工事、3％が民間土木工事からのものです。
　搬出された発生土は、海面の埋立て工事、土地造成、道路盛土、河川の築堤の内陸部公共工事などに全体の3割程度が利用されています

が、それ以外は、十分に再利用されていないのが現状です。

　土地造成や道路盛土などにおいては、切盛土量のバランスを考慮に入れて計画されれば、ある程度発生土は抑制できます。一方で大都市周辺では土地の有効利用の観点から地下空間の利用を進めており、発生土の量はむしろ増加傾向にあります。

　しかし、近年、発生土の受入れ需要は減ってきており、同時に受入地の環境保全の問題も抱えています。

　そこで、発生土の有効利用のために、発生自体を抑制する技術（掘削断面をできるだけ小さくできる工法の採用）、発生土を良質の土に改良する技術（気泡や繊維、あるいはセメントや生石灰を混合してその性質を改良する）、質が良くないものを利用する技術（軟弱土を透水性の袋に注入して地上に放置することにより、袋外に余剰水を排出し、含水比を低下させ利用する）などの新技術が開発されています。

参考文献

1) 日立デジタル平凡社：「マイペディア'97」（電子ブック版）、平凡社、1979
2) 土木学会：「土木工学ハンドブック」、技報堂出版、1989
3) 竹内均・上田誠也：NHKブックス6「地球の科学・大陸は移動する」、NHK出版、1964
4) 土木学会：「土木学会誌」1989年2月号
5) 「日本大百科全書」、小学館
6) 土質工学会：「土のはなしⅠ・Ⅱ・Ⅲ」、技報堂出版、1979
7) 山口柏樹：「土質力学」、技報堂出版、1984
8) 粘土化学研究所：「粘土化学研究所パンフレット」
9) 松尾新一郎：「新稿 土質工学」、山海堂、1984
10) 地盤工学会：「粘土の不思議」、地盤工学会、1986
11) 地学団体研究会：「新版 地学辞典」、平凡社、1996
12) 丹保憲仁・小笠原紘一：「浄水の技術」、技報堂出版、1985
13) 巽巌：「上水工学」、共立出版
14) 高山昭：「トンネル施工法」、山海堂
15) 地盤工学会：「土質工学入門」、地盤工学会、1977
16) 椹木亨・柴田徹・中川博次：「土木へのアプローチ」、技報堂出版、1991
17) 山田順治・有泉昌：「わかりやすいセメントとコンクリートの知識」、鹿島出版会、1976
18) 福岡正巳・村田清二・今野誠：「新編 土質工学」、国民科学社（オーム社）、1984
19) 地盤工学会：「技術手帳3」、地盤工学会、1992
20) 地盤工学会：「日本の特殊土」、地盤工学会、1974
21) 松尾友也：「土木施工法」、森北出版、1970
22) 石井一郎：「土木工学概論」、鹿島出版会、1987
23) NHKテクノパワープロジェクト：「巨大建設の世界3」、NHK出版、1993
24) 本州四国連絡橋公団：「明石海峡大橋パンフレット」
25) 中瀬明男・奥村樹郎・沢口正俊：「現場監督のための土木施工」、鹿島出版会
26) 高橋寛：「鉄道工学」、森北出版、1970
27) 粟津清蔵：「絵とき土木施工」、オーム社、1996
28) 鹿島建設：「超高層ビルなんでも小辞典」、講談社、1988
29) 日本火薬工業会資料編集部：「一般火薬学」
30) 河野伊一郎：「地下水保全とこれからの技術課題」土と基礎 Vol.34No.11、地盤工学会
31) 土木学会関西支部：「地盤の科学」、講談社、1995
32) 多田宏行・冨田洋：「道路保全における路面下空洞探査技術」道路 1993年5月号
33) 高野秀夫：「斜面と防災」、築地書館、1983

34）柴崎達雄：「地下水開発と環境保全」土と基礎 Vol.34 No.11、地盤工学会
35）高橋浩二：「新体系土木工学・別巻、工事災害と安全対策」、技報堂出版、1983
36）日本林業技術協会：「土の100不思議」、東京書籍、1990
37）薄井清：「土は呼吸する」、社会思想社、1976
38）シビル工学研究会：「土木への誘い」、日本理工出版会、1989
39）淺川美利・木村孝道・原田静男：「土質工学入門」、コロナ社、1978
40）杉田美昭：「土工事の施工ノウハウ」、近代図書、1990
41）池谷浩：「砂防入門」、山海堂、1974
42）中村靖：「技術士を目指して・土質および基礎」、山海堂、1995
43）平岡成明・平井孝典：「大地を甦らせる地盤改良」、山海堂、1994
44）片脇清士：「新しい土木材料とその展開」、山海堂、1994
45）平間邦興・徳富準一：「土構造物をつくる新しい技術」、山海堂、1994
46）中村靖：「大地に根ざす基礎」、山海堂、1994
47）石川陸男・平井孝典：「土の崩れを留める」、山海堂、1994
48）水谷敏則：「地下空間を拓く」、山海堂、1994
49）渡辺具能：「液状化はこわくない」、山海堂、1995
50）鹿島建設土木設計本部：「設計の基本知識」、鹿島出版会、1993
51）地盤工学会：「土質試験の方法と解説」、地盤工学会、1990
52）地盤工学会：「土質断面図の読み方と作り方」、地盤工学会、1985
53）新村出：「広辞苑」、岩波書店、1991
54）力武常次・永田豊・小川勇二郎：「チャート式　新地学」、数研出版、1987
55）佐藤常治：「鉄道QA事典」、徳間書店、1985
56）土木学会：「土木用語大辞典」、技報堂出版、1999
57）一宮亮一：「わかりやすい静音化技術」、工業調査会、1997
58）和田洋六：「よくわかる最新水処理技術の基本と仕組み」、秀和システム、2008
59）吉国洋：「圧縮と圧密」、土と基礎 Vol.22 No.3、地盤工学会、1974
60）最上武雄・福田秀夫：「現場技術者のための土質工学」、鹿島出版会、1967
61）土木学会：「明治以前日本土木史 第3刷」、岩波書店、1973
62）大阪府：「狭山池改修誌」、大阪府、1931
63）地盤工学会：「斜面の安定・変形解析入門―基礎から実例まで―」、地盤工学会、2006
64）久野悟郎：「解説土質工学」、理工図書、1966

〔あ〕

アースドリル　126
アイスレンズ　37
姶良カルデラ　22
明石海峡大橋　122
明石層　122
明り発破　138
アスベスト　31
阿多カルデラ　22
圧気シールド工法　118
圧縮　82
圧縮作用　83
アッターベルグ限界　70
圧密　83, 102
圧密現象　58, 120
圧密試験　51
圧密収縮現象　144
圧密沈下　83
圧密沈下量　58
アンカーフレーム　123
アンカレイジ　122
アングルドーザ　126, 128
安全率　93
安息角　154
安定処理工法　108
安定対策　102
ANFO（硝安油剤爆薬）　138
イオン交換反応　109
一軸圧縮強度　89
一軸圧縮試験　53
一面せん断試験　52
移動砂丘　27
ウェルポイント工法　102
埋戻し　126
液状化現象　150
液状化予測マップ　151
N値　48
円弧すべり　92
エントラップトエア　80

オイルフィード型　46
横列砂丘　26
オーバーコンパクション　89
オープンケーソン　135
押え盛土　153
汚染物質　166
親杭横矢板工法　136
オランダ式二重管コーン貫入試験　61
温泉地すべり　157

〔か〕

加圧層　56
開削工法　116
塊状砂丘　26
カオリン粘土　30
化学的な風化　2
撹乱土　86
がけ崩れ　156
火砕流堆積物　22
火山砕屑物　20
荷重軽減工法　102
過剰間隙水圧　95, 150
火成岩　62
カッタヘッド　119
過転圧　89
間隙　80
間隙水圧　82, 94
間隙率　80
還元性の鉄　146
含水比　76, 75, 90
含水比試験　50
乾燥土　72
乾燥密度　72
緩速ろ過法　33
関東ローム　20
涵養　160
既製杭工法　135
基礎工　134

基礎工法　102
気泡モルタル　110
急速ろ過法　33
強度増加　41
切土　126
切土法面　90
杭基礎　134
空隙　80
空隙率　80
空洞探査車　149
クーロン　84
クーロン式　68
掘削　126
掘削工法　115
クラムシェル　126, 128
グランドアーチ効果　96
グリーンタフ地域　156
クレーター　12
ケイ酸　12
軽石流堆積物　22
軽量骨材　110
軽量盛土工法　110
軽量盛土材　110
ケーソン基礎　135
建設発生土　168
建設副産物　168
玄武岩　12
工学的分類法　6, 30, 64, 78
高含水比粘性土　21
鋼さい（スラグ）　124
坑道発破　138
高濃度汚染土壌　167
高分子材料　106
高有機質土　24
固化作用　100
固結　103
古生代　8
固定砂丘　27
小割発破　139

混合工法　103
コンシステンシー　70
コンシステンシー限界　70, 79
コンシステンシー試験　50

〔さ〕

再生資源　168
砕石（バラスト）　124
最大乾燥密度　76
最適含水比　76
最密立法充てん　40
細粒土　7
サイロット工法　115
サウンディング　45, 60
砂質地盤　101
砂質土　19
砂層の振動　35
狭山池　74
砂粒子の表面摩擦　35
砂粒土　7
砂礫層　132
酸化化合物　146
山岳トンネル　114
3径間2ヒンジ補剛トラス吊橋　122
三軸圧縮試験　53
三次元地形測量　140
酸性白土　31
鑽井盆地　57
酸素欠乏　146
酸素欠乏症防止規則　147
酸素濃度　146
サンドコンパンクション工法　103
サンドドレーン工法　102, 121
サンプリング　45
C／Aコード　140
GPS（全地球測位システム）　140
GPS定点観測　140
シールド工法　114, 117, 118
シールドマシン　118

索引

ジオテキスタイル　106
ジオテキスタイル工法　103
磁器　38
シキソトロピー　89
敷葉工法　75
支持層　132, 165
示準化石　8
止水壁　163
地すべり　156
地すべりセンサ　157
自然地盤　100, 164
自然斜面　90
湿潤密度　72
自動監視システム　157
地盤工学　14
地盤沈下　144
自噴井　57
支保工　115, 116
締固め　103
締固めエネルギー　75
締固め杭工法　104
締固め工法　104
締固め試験　51
下末吉ローム　20
霜柱　36
斜面先破壊　92
斜面内破壊　92
集積層　2
縦列砂丘　26
主塔　122
主働土圧　85
受働土圧　85
硝安油剤爆薬（ANFO）　138
シラス台地　22
シルト　6
人工地盤　100
人工斜面　90
進行性破壊　152
新生代　8

振動コンパクタ　127, 129
振動ローラ　129
水質汚濁防止法　166
水中発破　139
水中不分離性コンクリート　123
垂直応力　68
水底トンネル　114
水文循環　160
水和熱　109
水和反応　109
スウェーデン式サウンディング試験　61
ズーグレア　32
スカリファイヤ　127
ストークスの法則　65
砂　6
砂地盤　150
砂置換法　73
砂ろ過　32
すべり破壊　92
すべり面　90
スメクタイト　31
スライス分割法　93
スラグ（鋼さい）　124
スラブ軌道　125
静水圧　82
生物的な風化　2
生物濃縮性　166
セグメント　118
炻器　39
ゼロ空気間隙曲線　77
ゼロメートル地帯　144
繊維質　25
全応力　94
先カンブリア時代　8
せん断応力　68
せん断試験　51
せん断強さ　68
せん断抵抗　68

せん断破壊　68
全断面掘削工法　115
全地球測位システム（GPS）　140
相対密度試験　50
側壁導坑先進上部半断面掘削工法　115
側方流動　152
粗粒土　7

〔た〕
第一鉄化合物　146
第三紀層地すべり　156
大深度地下空間　164
帯水層　56
堆積岩　62
堆積層　158
ダイナマイト　138
第二鉄化合物　146
タイヤローラ　127, 129
大陸移動説　10
タコ　74
立川ローム　20
多点同時計測　140
多摩ローム　20
ダルシーの法則　54
弾性締結装置　125
弾性波探査　45
地下ダム　162
置換工法　103
地形学　14
地山条件　114
地質学　15
地質年代　8
地層累重の法則　8
地中ばり　134
地中レーダー　149
中生代　8
沖積層　19, 132
沖積層上部　100

沖積粘土層　120
沖積平野　132
直接基礎　134
貯留効率　163
沈下対策　102
沈埋工法　114
土くさび論　84
土の液性限界・塑性限界試験方法　79
土の締固め　74, 76
土のせん断抵抗　88
土の粘着力　156
土の粒径　64
土の粒子　64
土の粒度試験方法　78
泥水加圧シールド工法　119
泥炭（ピート）　31
泥炭質地盤　101
低爆速爆薬　138
TBM（トンネルボーリングマシン）　119
底部破壊　92
出来形管理　141
テルツァギー圧密理論　59
電気浸透排水工法　102
電気探査　45
電磁波　149
天満砂礫層　132
土圧バランスシールド工法　119
土圧論　84
陶器　38
東京礫層　132
陶磁器　39
道床　124
透水係数　54
土器　38
土工　130
土工事　126
土構造物　44

索引

175

索引

土質試験　50
土質縦横断面図　49
土質柱状図　48
土質調査　44
都市トンネル　114
土壌汚染　166
土壌汚染対策法　167
土壌学　15
土壌母材　2
土積曲線　130
土積図　130
土石流　158
土留め工　136
ドラグイン　126
ドラグライン　128
トラフィカビリティー　106
土粒子　4
土粒子の配列　88
土量管理　141
土量計画　130
土量配分計画　130
トンネルボーリングマシン（TBM）　119

〔な〕

内部摩擦角　52, 68, 156
鳴砂　34
NATM工法　115
軟弱地盤　100
難透水層　56
難分解性　166
ニューマチックケーソン　135
粘着力　52, 68
粘土　6
粘土・セメント注入工法　163
粘土質地盤　101
粘土層　132
ノーベル　138
法面　90, 107

〔は〕

パーカッション式　46
バーンカット工法　139
廃棄物処理法　166
排水　102
排水性アスファルトコンクリート　80
バイブロコンポーザー工法　103, 105
バイブロフローテーション工法　103, 105
破砕帯地すべり　157
場所打ち杭工法　135
バックホウ　126, 128
発泡スチロール　110
バラスト（砕石）　124
バラスト道床　124
バランス化工法　102
バルハン砂丘　26
パワーショベル　126, 128
半断面掘削工法　115
半透水層　56
被圧水頭面　56
非圧密非排水　69
Pコード　140
ピート（泥炭）　31
ヒービング　137
被けん引スクレーパ　127
ビッカース硬度　62
引張り強度　106
ひび割れ　148
標準化石　8
標準貫入法試験　60
表層土　18
負圧　41
風化作用　2
風化層　158
フーチング基礎　134
不撹乱土　87

負荷軽減対策　102
覆土工法　103
腐植物　25
物理試験　50
物理的な風化　2
不透水層　56
不等沈下　59
不同沈下　134
不飽和土　72
ブルドーザ　126
プレート　10
プレートテクトニクス　10
ペーパードレーン工法　102, 121
ベーン試験　46
ベタ基礎　134
ベルトコンベア　127
ベルヌーイの定理　54
変成岩　62
ベンチカット　138
ボイリング　137
放射年代炭素測定方法　9
飽和土　72
ポーラスコンクリート　80
ボーリング　46
ボーリング孔径　46
ポゾラン反応　109
ポンピング　148

〔ま〕

マーク・ブルネル　118
マイクロクレーター　13
枕木　124
摩擦円法　93
まさ土　34
マスカーブ　130
水利用計画論　162
乱した土　86
密度試験　50
武蔵野ローム　20

モース硬度　62
モータグレーダ　127, 129
モータスクレーパ　127, 129
盛土　108, 126
盛土法面　90
モンモリロナイト　30

〔や〕

矢板式土留め工法　136
薬液注入工法　103
有機塩化化合物　166
有効応力　94
揚水　160
溶脱層　2
抑止工　155
抑制工　155

〔ら〕

ラジオアイソトープ　73
ランキン　84
ランマ　77, 127, 129
力学試験　50
粒径加積曲線　78
流出　160
流動　160
粒度試験　50
臨界円　93
レーキドーザ　126, 128
レオトロピー　89
礫　6
礫粒土　7
レゴリス　13
連続地中壁工法　137
ロータリー式ハンドフィード型　46
ロードローラ　127, 129
六価クロム　166

〔わ〕

わだち掘れ　148

索引

◇ 著者略歴 ◇

大野春雄（おおの　はるお）
1977年　日本大学理工学部卒業
現　在　攻玉社工科短期大学名誉教授
　　　　工学博士
　　　　特定非営利活動法人（内閣府認証）
　　　　建設教育研究推進機構　理事長
　　　　芝浦工業大学講師兼務、土木学会フェロー会員
著　書　ものの壊れ方（日本理工出版会）、土木工学なぜなぜおもしろ読本（山海堂）、都市型震害に学ぶ市民工学（山海堂）、土木への誘い（日本理工出版）、コンピュータへの誘い（日本理工出版）など。

姫野賢治（ひめの　けんじ）
1979年　東京大学工学部土木工学科卒業
　　　　東京工業大学助手
　　　　北海道大学助教授
現　在　中央大学理工学部都市環境学科教授
　　　　工学博士、土木学会フェロー会員

西澤辰男（にしざわ　たつお）
1981年　金沢大学大学院修了
　　　　金沢大学工学部助手
現　在　石川工業高等専門学校環境都市工学科教授
　　　　工学博士、技術士

竹内　康（たけうち　やすし）
1993年　東京農業大学大学院修了
　　　　鹿島道路株式会社技術研究所
　　　　東京農業大学農学部助手
現　在　東京農業大学地域環境科学部教授
　　　　博士（工学）

新・土なぜなぜおもしろ読本　　　　　　　Printed in Japan

2010年4月16日　　初版第1刷発行

編著者　大野春雄 ©2010
著　者　姫野賢治
　　　　西澤辰男
　　　　竹内　康
発行者　藤原　洋
発行所　株式会社ナノオプトニクス・エナジー出版局
　　　　〒113-0033 東京都文京区本郷 4-2-8-5F
　　　　電話 03（5844）3158　FAX 03（5844）3159
発売所　株式会社近代科学社
　　　　〒162-0843 東京都新宿区市谷田町 2-7-15
　　　　電話 03（3260）6161　振替 00160-5-7625
　　　　http://www.kindaikagaku.co.jp
印　刷　株式会社教文堂
イラスト　タッド星谷

●造本には十分注意しておりますが、印刷、製本など製造上の不備がございましたら近代科学社までご連絡ください。

ISBN978-4-7649-5509-7
定価はカバーに表示してあります。

図書案内

好評発売中!

素朴な疑問に答える
新なぜなぜおもしろ読本シリーズ

　本シリーズは、基礎工学について素朴な事柄から先端技術までの疑問を取り上げ、見開きのＱ＆Ａ方式で完結し、難解な事柄でもイラストと平易な文章によって内容を理解しやすい構成にしている。工学系教科書の副読本として、また経験工学を盛り込んだ現場技術者のための実務・実学書として最適な書である。

新・上下水道なぜなぜおもしろ読本

監修　大野春雄
著者　長澤靖之・小楠健一・久保村覚衛
A5判　208頁　定価(本体2,500円＋税)

＜主要目次＞
1．上水道のシステム／2．上水道の計画と機能／3．生活の中の上水道／4．下水道のシステム／5．雨水利用と下水処理／6．下水道の施工と維持管理／7．下水道の環境

新・トンネルなぜなぜおもしろ読本

監修　大野春雄
著者　小笠原光雅・酒井邦登・森川誠司
A5判　228頁　定価(本体2,500円＋税)

＜主要目次＞
1．トンネル一般／2．トンネルの歴史／3．トンネルの調査・設計／4．トンネルの施工

新・コンクリートなぜなぜおもしろ読本

監修　大野春雄
著者　植田紳治・矢島哲司・保坂誠治
A5判　220頁　定価(本体2,500円＋税)

＜主要目次＞
1．コンクリートの材料／2．いろいろなコンクリート／3．コンクリートの重要な性質／4．コンクリート構造物の設計と施工／5．プレストレストコンクリートの基本／6．プレストレストコンクリートの利用